NUMÉRATION

1. Retrouve les nombres qui manquent.

6444, 6445, 6446, ...

.............., 3723, 3724.

5206, 5205, ..., 5203

4M+3U — 4M+4U — ....

2. Écris en lettres.

4122 ....

7338 ....

88,50 ....

0,125 ....

3. Écris en chiffres.

mille six cent dix-huit : ....

trois mille cinq : ....

4. Complète ces suites de chiffres.

	4082		4084	[illegible]	[illegible]	[illegible]	[illegible]	[illegible]	[illegible]
	4092	4093	4094	4095	[illegible]	[illegible]	[illegible]	[illegible]	[illegible]9
4101			4104	4105	4106		4108		
4111		4113	4114	4115		4117		4119	
	4122	4123	4124		4126	4127			

NUMÉRATION
UNITÉS - DIZAINES - CENTAINES - MILLE

1. Décompose en UM, C, D, U.

1056	7851	4765
1UM 0C 5D 6U	....	....

5680 = 5UM + 6C + 8D + 0U

9456 = ...

5302 = ...

8743 = ...

7555 = ...

1084 = ...

2. Retrouve les nombres.

7UM + 3C + 4D + 0U = ...

5UM + 9C + 8D + 1U = ...

8C + 7D + 5UM + 4U = ...

7D + 3U + 4UM + 9C = ...

6D + 9C + 8UM = ...

6C + 4D + 9U + 7UM = ...

8U + 7D + 5C = ...

5U + 5UM = ...

4D + 4U + 9UM + 5C = ...

9C + 2D + 5U + 4UM = ...

NUMÉRATION
DIZAINES DE MILLE

1.

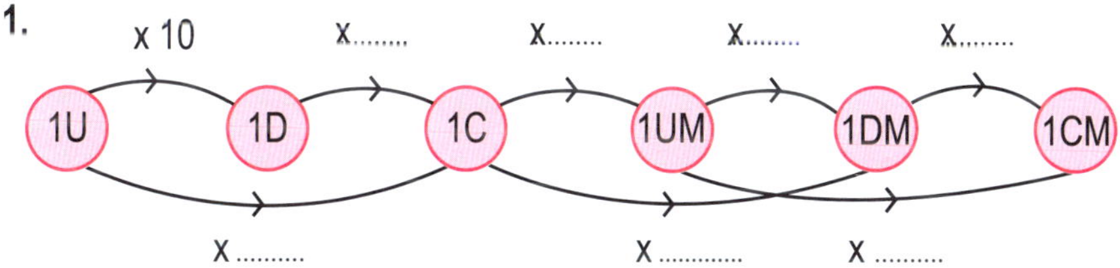

2. Quel est le plus grand nombre entier de 4 chiffres ? ....

Quel est le plus petit nombre entier de 4 chiffres différents ? ....

3. Complète.

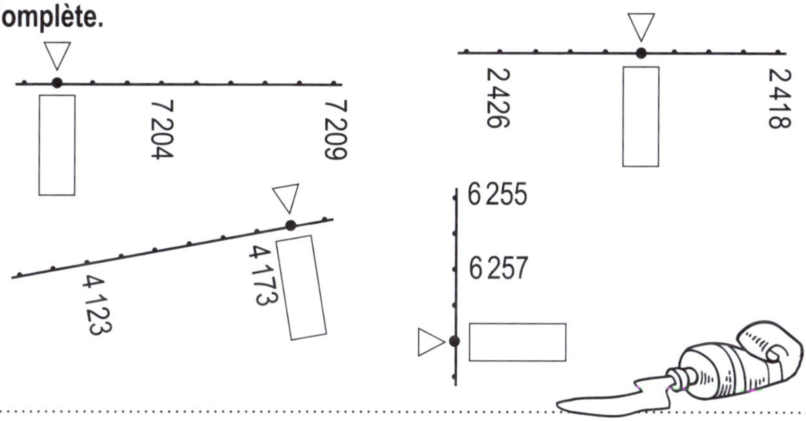

4. Place chaque chiffre dans la colonne qui lui est réservée.

	CM	DM	UM	C	D	U
34 278						
176 234						
5 231						
560 067						

NUMÉRATION
DIXIÈMES – CENTIÈMES

1. Retrouve les nombres à virgule manquants.

136,1	136,2	136,3		136,5	
789,4	789,3	789,2	789,1	789	
13,08	13,09				
4 278,25	4 278,24	4 278,23		4 278,21	

2. Écris en chiffres.

treize unités dix-huit centièmes : ....

mille trois cent vingt-deux unités six dixièmes : ....

zéro unité vingt-quatre centièmes : ....

3. Écris dans ce tableau.

	UM	C	D	U	d	c
6 038,3						
2 427,5						
90,03						
34,75						

4. Décompose.

45,6 = 4D + 5U + 6d

138,05 = ...

626,48 = ...

1 605,44 = ...

8 042,25 = ...

733,40 = ...

416,34 = ...

997,88 = ...

NOMBRES À VIRGULE
TABLES

1. Effectue.

X	2	4	8	3	6	9	10	5	7
1,5									
2,5									
3,5									
4,5									
5,5									
7,5									
9,5									

2. Complète.

.... ← x 3 — 17,5 — x 5 → ....

3. Effectue.

1,5 → x 3 → [ ] → x 3 → [ ]

6,5 → x 5 → [ ] → x 3 → [ ]

0,5 → x 7 → [ ] → x 5 → [ ]

8,5 → x 3 → [ ] → x 5 → [ ]

6,5 → x 3 → [ ] → x........ → 39 → x 2 → [ ]

CALCUL MENTAL

ADDITIONS ET SOUSTRACTIONS DE NOMBRES À 1 CHIFFRE APRÈS LA VIRGULE.

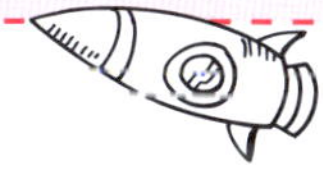

Effectue.

1 + 0,4 = ...	1 − 0,6 = ...	0,4 + 0,3 = ...
2 + 0,6 = ...	3 − 0,8 = ...	0,1 + 0,4 = ...
6 + 0,8 = ...	5 − 0,9 = ...	0,7 + 0,2 = ...
7 + 0,9 = ...	7 − 0,5 = ...	0,7 + 0,9 = ...
5 + 0,5 = ...	8 − 0,3 = ...	0,9 + 0,8 = ...

1,5 + 0,8 = ...	0,7 − 0,6 = ...	3,4 − 2,2 = ...
0,8 + 4,5 = ...	0,9 − 0,1 = ...	7,5 − 6,2 = ...
3,6 + 1,5 = ...	0,8 − 0,5 = ...	9,8 − 7,4 = ...
7,6 + 3,4 = ...	1,6 − 0,8 = ...	10,3 − 7,5 = ...
4,9 + 7,3 = ...	2,9 − 0,4 = ...	8,6 − 8,3 = ...

1 = 0,3 + ...	7 = 5,3 + ...	1 = 1,2 − ....
1 = 0,2 + ...	8 = 3,2 + ...	2 = 3,7 − ....
3 = 0,5 + ...	11 = 6,4 + ...	5 = 6,1 − ....
7 = 0,8 + ...	17 = 15,2 + ...	3 = 5,5 − ....
9 = 0,7 + ...	34 = 23,1 + ...	4 = 5,8 − ....

4,5 + ... = 9	8,4 − .... = 5	10,5 − .... = 5
3,6 + ... = 10	9,6 − .... = 4	12,5 − .... = 7
8,4 + ... = 20	6,6 − .... = 2	12,3 − .... = 8
7,6 − .... = 5	13,1 − .... = 11	25,9 − .... = 10
8,5 − .... = 6	7,7 − .... = 1	44,2 − .... = 20

CALCUL MENTAL

MULTIPLICATIONS ET DIVISIONS DE NOMBRES À 1 CHIFFRE APRÈS LA VIRGULE.

Effectue.

0,5 x 3 = ...

0,4 x 5 = ...

0,7 x 6 = ...

0,8 x 5 = ...

0,1 x 9 = ...

1,6 x 2 = ...

2,4 x 3 = ...

3,5 x 5 = ...

5,6 x 3 = ...

2,2 x 7 = ...

0,8 : 2 = ...

0,4 : 4 = ...

0,5 : 5 = ...

0,9 : 3 = ...

0,6 : 3 = ...

1,2 : 4 = ...

3,6 : 6 = ...

2,4 : 8 = ...

5,6 : 7 = ...

8,1 : 9 = ...

0,2 x .... = 0,8

0,5 x .... = 3,5

0,8 x .... = 8

1,6 x .... = 6,4

4,5 x .... = 36

5,6 : .... = 2,8

9 : .... = 4,5

22,5 : .... = 7,5

14 : .... = 3,5

4 : .... = 0,5

CALCUL MENTAL
ADDITIONS ET SOUSTRACTIONS DE NOMBRES À 2 CHIFFRES APRÈS LA VIRGULE.

Effectue.

1 + 0,04 = ...
2 + 0,05 = ...
3 + 0,08 = ...
5 + 0,05 = ...
7 + 0,01 = ...

1 − 0,07 = ...
3 − 0,03 = ...
5 − 0,08 = ...
7 − 0,02 = ...
8 − 0,09 = ...

0,05 + 0,03 = ...
0,04 + 0,05 = ...
0,05 + 0,08 = ...
0,07 + 0,07 = ...
0,09 + 0,05 = ...

3,04 + 0,02 = ...
6,05 + 0,01 = ...
7,03 + 4,02 = ...
8,05 + 5,03 = ...
4,04 + 1,02 = ...

0,08 − 0,03 = ...
0,08 − 0,02 = ...
1,07 − 0,02 = ...
4,09 − 0,04 = ...
5,01 − 0,02 = ...

4,04 − 2,02 = ...
6,08 − 4,01 = ...
7,08 − 5,02 = ...
9,06 − 5,04 = ...
8,06 − 7,05 = ...

3 = 2,02 + ...
5 = 4,01 + ...
9 = 6,04 + ...
7 = 5,04 + ...
8 = 4,02 + ...

5 = 2,07 + ...
8 = 3,06 + ...
7 = 4,03 + ...
9 = 8,08 + ...
10 = 4,06 + ...

1 = 1,02 − ....
3 = 5,03 − ....
1 = 4,03 − ....
4 = 9,07 − ....
2 = 8,04 − ....

CALCUL MENTAL
ADDITIONS ET SOUSTRACTIONS DE NOMBRES À 2 CHIFFRES APRÈS LA VIRGULE.

Effectue.

1 + 0,45 = ...
2 + 0,22 = ...
5 + 0,45 = ...
8 + 0,34 = ...
9 + 0,25 = ...

1 − 0,53 = ...
2 − 0,46 = ...
7 − 0,38 = ...
8 − 0,42 = ...
18 − 0,45 = ...

0,45 + 0,45 = ...
0,34 + 0,34 = ...
0,49 + 0,45 = ...
0,22 + 0,36 = ...
0,54 + 0,46 = ...

1,55 + 0,42 = ...
0,59 + 4,42 = ...
3,46 + 2,15 = ...
7,21 + 2,11 = ...
6,28 + 4,49 = ...

0,56 − 0,21 = ...
0,33 − 0,11 = ...
0,36 − 0,17 = ...
0,59 − 0,28 = ...
0,34 − 0,32 = ...

5,55 − 3,28 = ...
7,45 − 2,28 = ...
6,81 − 2,40 = ...
7,56 − 6,34 = ...
9,46 − 5,24 = ...

1 = 0,17 + ...
1 = 0,31 + ...
2 = 0,59 + ...
3 = 0,60 + ...
3 = 0,77 + ...

5 = 3,54 + ...
6 = 2,44 + ...
3 = 2,28 + ...
4 = 3,36 + ...
9 = 7,19 + ...

1 = 1,28 − ....
1 = 3,36 − ....
7 = 8,81 − ....
3 = 5,23 − ....
9 = 11,14 − ....

CALCUL MENTAL

MULTIPLICATIONS ET DIVISIONS DE NOMBRES À 2 CHIFFRES APRÈS LA VIRGULE.

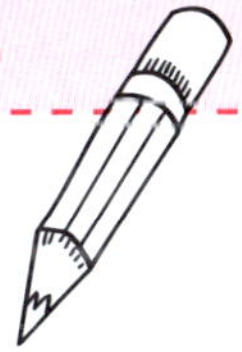

Effectue.

0,03 x 3 = ...

0,05 x 3 = ...

0,07 x 4 = ...

0,09 x 6 = ...

0,06 x 5 = ...

3,05 x 2 = ...

4,07 x 3 = ...

5,02 x 9 = ...

6,03 x 4 = ...

7,01 x 8 = ...

0,08 : 2 = ...

0,09 : 3 = ...

0,08 : 4 = ...

0,05 : 5 = ...

0,04 : 2 = ...

6,09 : 3 = ...

5,05 : 5 = ...

10,02 : 2 = ...

12,03 : 3 = ...

16,08 : 8 = ...

0,03 x .... = 0,09

0,01 x .... = 0,05

0,02 x .... = 0,08

0,02 x .... = 0,12

0,07 x .... = 0,49

0,06 : .... = 0,02

0,08 : .... = 0,02

2,04 : .... = 1,02

6,09 : .... = 2,03

10,05 : .... = 2,01

CALCUL MENTAL
MULTIPLICATIONS ET DIVISIONS DE NOMBRES À 2 CHIFFRES APRÈS LA VIRGULE.

1. Effectue.

0,44 x 3 = ...

0,35 x 3 = ...

0,26 x 4 = ...

0,41 x 5 = ...

0,11 x 7 = ...

3,23 x 3 = ...

4,26 x 2 = ...

5,11 x 9 = ...

8,33 x 2 = ...

4,17 x 5 = ...

0,45 : 3 = ...

0,39 : 3 = ...

0,54 : 9 = ...

0,18 : 3 = ...

0,49 : 7 = ...

1,44 : 2 = ...

2,56 : 2 = ...

4,80 : 4 = ...

3,63 : 3 = ...

15,25 : 5 = ...

0,32 x .... = 0,96

0,11 x .... = 0,55

0,48 x .... = 0,96

2,15 x .... = 6,45

1,10 x .... = 5,50

4,48 : .... = 1,12

3,75 : .... = 1,25

4,44 : .... = 1,11

6,36 : .... = 1,06

9,18 : .... = 1,02

CALCUL MENTAL
X 10

Quand on multiplie un nombre par 10, le nombre se déplace d'un rang vers la gauche du tableau.

	UM	C	D	U	d
		1	6	6,	5
	1	6	6	5	

x 10

Effectue

10 x 77 = ...

10 x 136 = ...

10 x 144 = ...

10 x 1 246 = ...

10 x 1 534 = ...

28 x 10 = ...

59 x 10 = ...

145 x 10 = ...

521 x 10 = ...

1 028 x 10 = ...

47,50 x 10 = ...

22,25 x 10 = ...

136,40 x 10 = ...

249,55 x 10 = ...

10 x 134,5 = ...

10 x 0,5 = ...

10 x 0,35 = ...

10 x 14,25 = ...

10 x 536,50 = ...

10 x 1 585,90 = ...

10 x 0,01 = ...

10 x 50 = ...

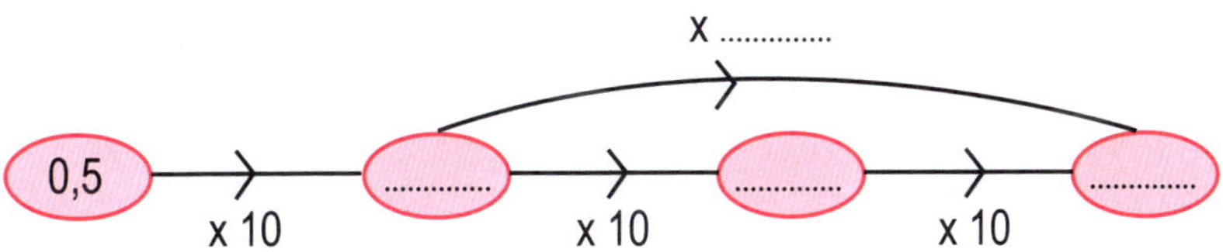

CALCUL MENTAL

: 10

QUAND ON DIVISE UN NOMBRE PAR 10, LE NOMBRE SE DÉPLACE D'<u>UN</u> RANG VERS LA <u>DROITE</u> DU TABLEAU.

: 10

UM	C	D	U	d	c
1	0	3	5		
	1	0	3,	5	

1. C'est facile quand ça se termine par 0 :

120 : 10 = 12 | 1 240 : 10 = ... | 33 490 : 10 = ...

660 : 10 = ... | 5 280 : 10 = ... | 156 270 : 10 = ...

2. Effectue

575 : 10 = ... | 134,5 : 10 = ... | 1 267,4 : 10 = ...

688 : 10 = ... | 487,5 : 10 = ... | 78,25 : 10 = ...

199 : 10 = ... | 149,8 : 10 = ... | 0,45 : 10 = ...

458 : 10 = ... | 555,7 : 10 = ... | 0,1 : 10 = ...

768 : 10 = ... | 21,69 : 10 = ... | 0,01 : 10 = ...

1/10 de 630,5 = ...

1/10 de 0,5 = ...

1/10 de 19,8 = ...

1/10 de 500,4 = ...

1/10 de 8 = ...

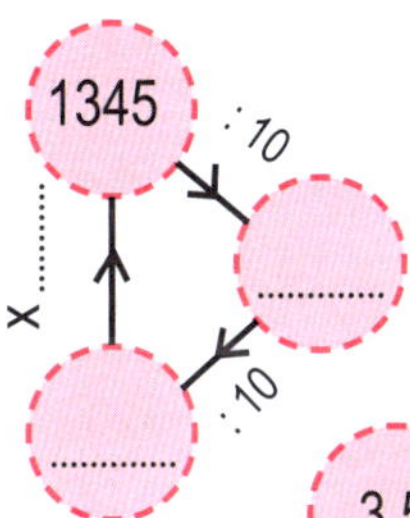

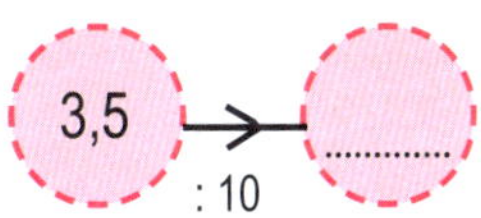

CALCUL MENTAL
X 100

QUAND ON MULTIPLIE UN NOMBRE PAR 100, LE NOMBRE SE DÉPLACE DE DEUX RANGS VERS LA GAUCHE DU TABLEAU.

DM	UM	C	D	U	d	c
		7	4	8	7	5
7	4	8	7	5		

x 100

Effectue.

100 x 17 = ...

100 x 39 = ...

100 x 16 = ...

100 x 54 = ...

28 x 100 = ...

55 x 100 = ...

74 x 100 = ...

39 x 100 = ...

x 100	
48	....
96	....
82	....

47,50 x 100 = ...

62,8 x 100 = ...

88,15 x 100 = ...

119,6 x 100 = ...

381,95 x 100 = ...

456 x 100 = ...

733,25 x 100 = ...

136,25 x 100 = ...

259,7 x 100 = ...

658,8 x 100 = ...

100 x 39,35 = ...

100 x 3 428,25 = ...

100 x 2 248,40 = ...

100 x 77,41 = ...

CALCUL MENTAL
: 100

Quand on divise un nombre par 100, le nombre se déplace de deux rangs vers la droite du tableau.

	DM	UM	C	D	U	d	c
	3	5	0	4	5		
: 100			3	5	0,	4	5

7 500 : 100 = ...

645 : 100 = ...

15 645 : 100 = ...

2 256 : 100 = ...

5 468 : 100 = ...

4 450 : 100 = ...

538 : 100 = ...

275 : 100 = ...

1 248 : 100 = ...

455,1 : 100 = ...

69,5 : 100 = ...

4 567 : 100 = ...

6,5 → : 10 → ...... → : 10 → ......

1 256 : 100 = ...

4 780 : 100 = ...

1 200 : 100= ....

45,8 : 100 = ...

$\frac{1}{100}$ de 34 = ...

$\frac{1}{100}$ de 46,5 = ...

$\frac{1}{100}$ de 7 789 = ...

U → : 10 → ...... → : 10 → ...... (: 100)

8 → : 10 → ...... → : 10 → ...... (: 100)

CALCUL MENTAL
X 5 = (X 10 : 2) = (: 2 X 10)

1. Complète.

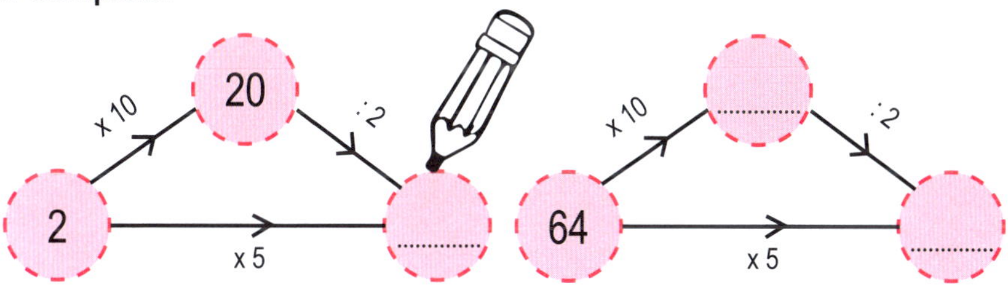

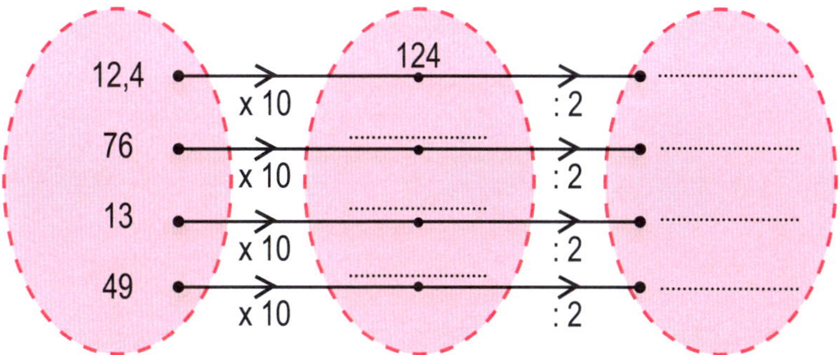

2. Effectue.

5 x 13 = (130 : 2) = ...

5 x 65 = ...

5 x 25,5 = ...

5 x 65,5 = ...

5 x 112 = ...

78 x 5 = ...

70,6 x 5 = ...

116 x 5 = ...

	x 10	x 5
48		
216		
34,2		
571		

CALCUL MENTAL

: 5 = (: 10 x 2) = (x 2 : 10)

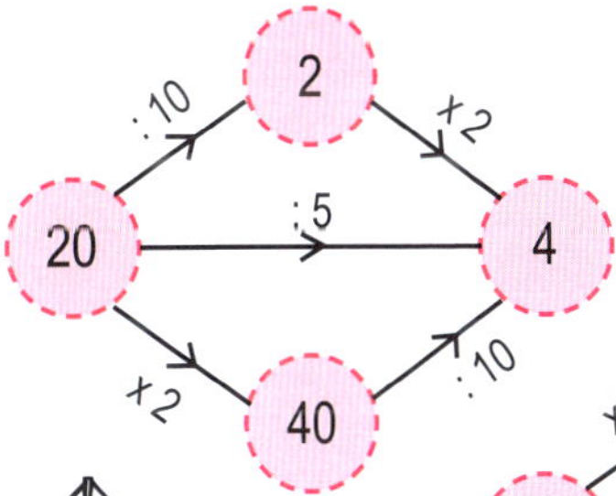

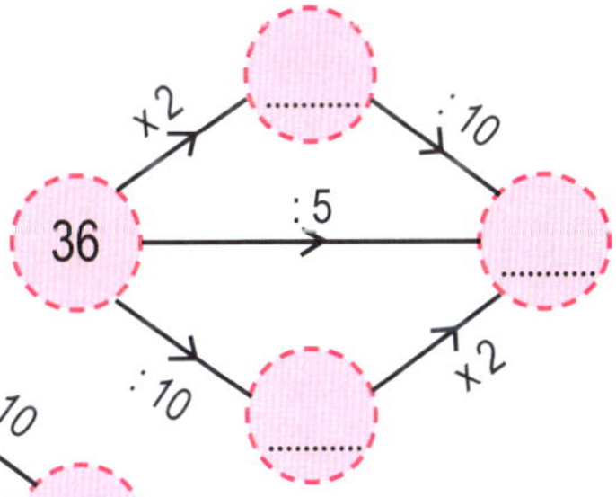

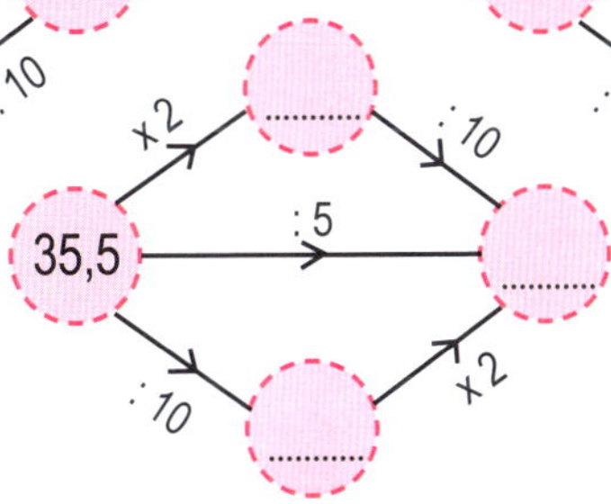

1. Trouve la réponse de 2 manières différentes.

125 : 5 = (125 x 2) : 10 = ... ou (125 : 10) x 2 = ...

(125 x 2 = 250 ; 125 : 10 = 12,5)

675 : 5 = ... = ... ou .... = ...

57,5 : 5 = ... = ... ou .... = ...

2. Effectue.

355 : 5 = ...

158 : 5 = ...

45,5 : 5 = ...

39 : 5 = ...

1/5 de 95 = ...

1/5 de 600 = ...

1/5 de 12,5 = ...

1/5 de 17 = ...

	x 2	: 10
155		
67,5		
1,5		

CALCUL MENTAL

X 50 = (X 100 : 2) = (: 2 X 100)

1. Invente un autre chemin.

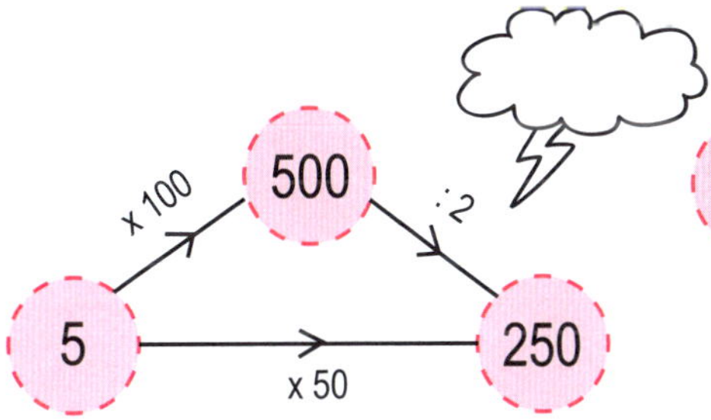

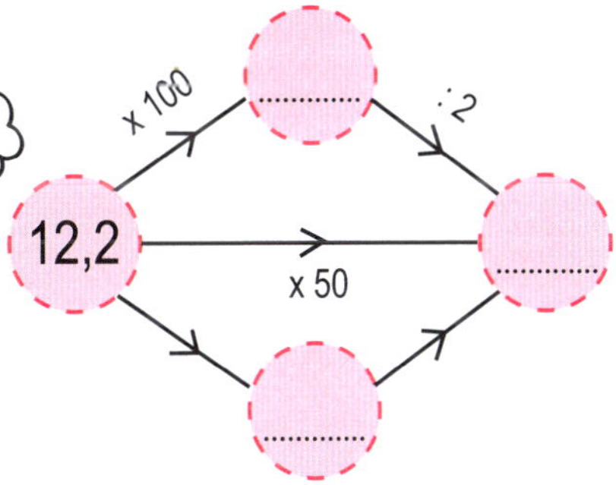

2. Complète.

: 2

	x 100	x 50
36		
0,5		
0,15		
19,5		

: 2

	x 100	x 50
	56	
	108	
		825
		48

: 2

	x 100	x 50
34		
76		
91		
0,8		

34 x 50 = (3 400 : 2) = ...

66 x 50 = ...

0,40 x 50 = ...

0,55 x 50 = ...

50 x 19 = (1 900 : 2) = ...

50 x 36 = ...

50 x 0,16 = ...

50 x 6,80 = ...

On a mesuré la longueur d'un mur en portant 73 fois une latte de 50 cm.

Quelle est la longueur de ce mur ? .... cm ou .... m .

CALCUL MENTAL

X 25 = (X 100 : 4) = (: 4 X 100)

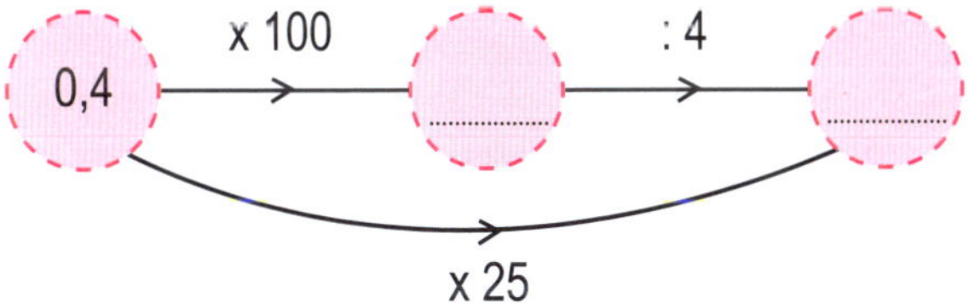

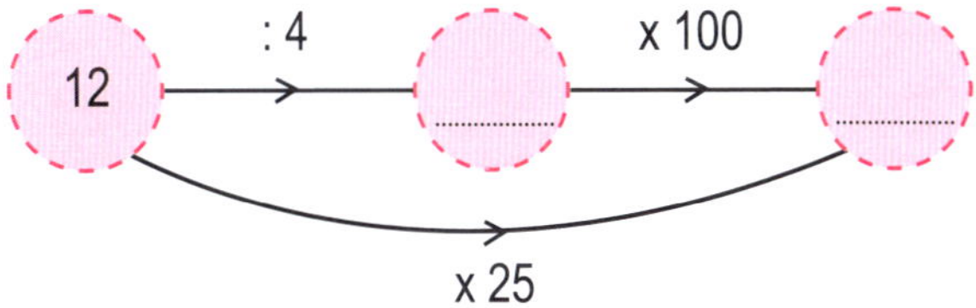

1. Effectue.

36 x 25 =(3 600 : 4) = ...

46 x 25 = ...

16,50 x 25 = ...

0,8 x 25 = ...

432 x 25 = ...

x 25	
112	....
48,5	....
11,5	....
68	....
37	....

2. Complète.

Pour 25 chocolats à 0,95 €, je payerai [ ]

Un cahier pèse 75 g. Une pile de 25 cahiers pèse [ ]

On a versé 19 bouteilles contenant 25 cl d'eau dans un seau vide.

Maintenant, le seau contient [ ] cl d'eau.

CALCUL MENTAL

: 25 = (: 100 x 4) = (x 4 : 100)

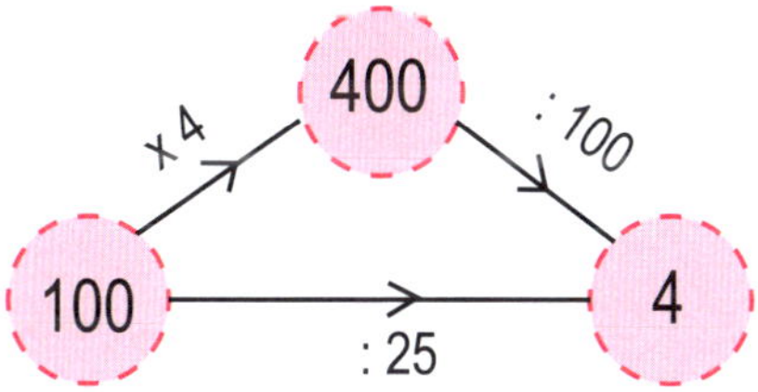

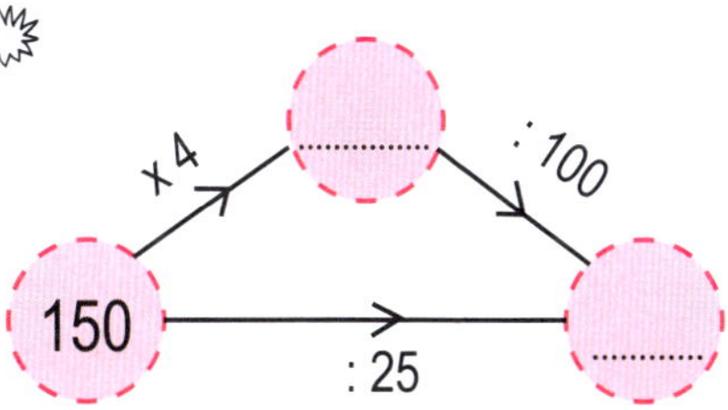

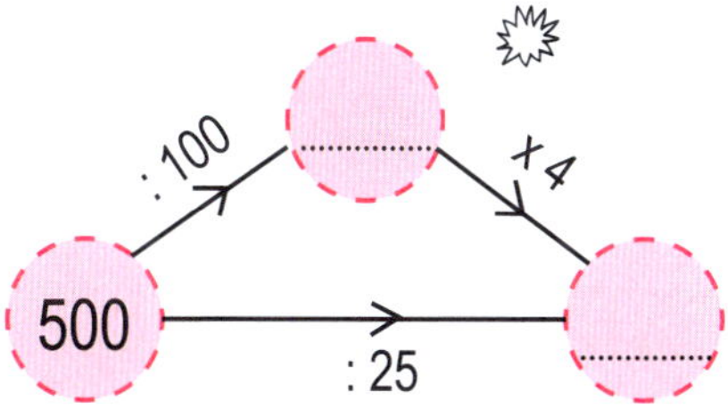

Effectue

: 100

	x 4	: 25
125		
300		
350		
375		
400		
1 250		

125 : 25 = (125 x 4) : 100 = ...

250 : 25 = ... = ...

475 : 25 = ... = ...

1 200 : 25 = ... = ...

425 : 25 = ... = ...

$\frac{1}{25}$ de 275 = ...

$\frac{1}{25}$ de 800 = ...

$\frac{1}{25}$ de 650 = ...

$\frac{1}{25}$ de 75 = ...

$\frac{1}{25}$ de 200 = ...

$\frac{1}{25}$ de 80 = ...

CALCUL MENTAL
X 15 = (X 10) + (X5)

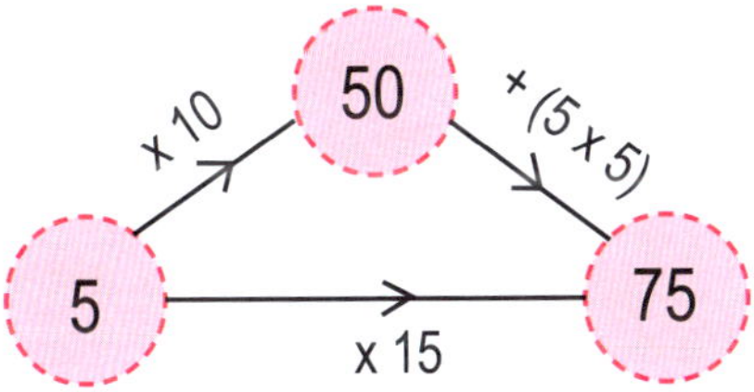

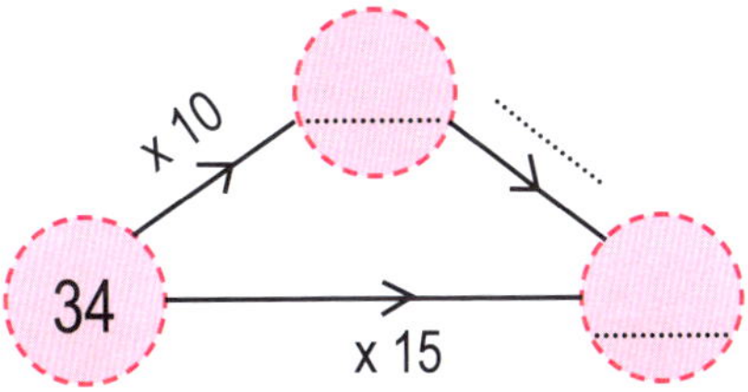

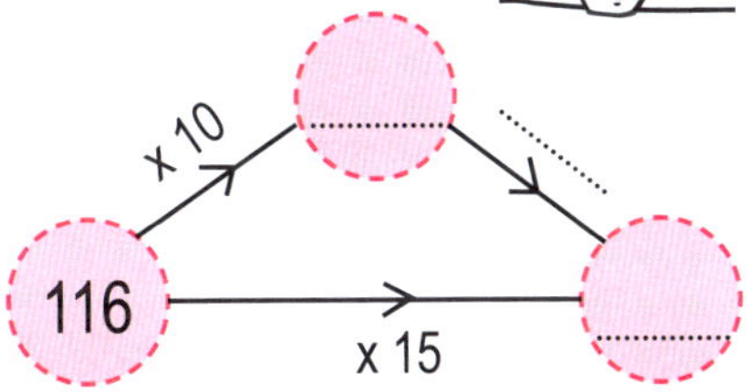

Effectue.

16 x 15 = (160 + 80) = ...

32 x 15 = ...

24 x 15 = ...

61 x 15 = ...

124 x 15 = ...

15 x 44,5 = ...

15 x 0,5 = ...

15 x 15,5 = ...

15 x 2,5 = ...

15 x 12,5 = ...

	x 10	$\frac{1}{2}$ de x 10
128		
67		
	340	
		355

Pour 15 choux blancs à 55 centimes l'un, je paie : ....

....

Pour 12 stylos à bille à 15 centimes l'un, je paie : ....

....

CALCUL MENTAL
X 20 = (X 10 X2)

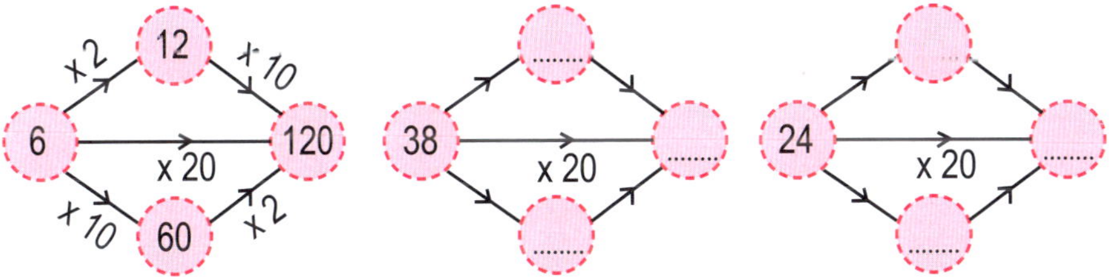

1. **Trouve la réponse de 2 manières différentes.**

56 x 20 =
- (56 x 2) x 10 = ……………… (112)
- (56 x 10) x 2 = ……………… (560)

43,5 x 20 =
- ………………
- ………………

249 x 20 =
- ………………
- ………………

x 10

	x 2	x 20
19,4		
34,8		
119		
411		
34,5		

2. **Effectue.**

12,50 x 20 = ………………

56,6 x 20 = ………………

178 x 20 = ………………

0,50 x 20 = ………………

448 x 20 = ………………

20 x 39 = ………………

20 x 115 = ………………

20 x 88 = ………………

20 x 0,01 = ………………

20 x 116 = ………………

CALCUL MENTAL

X 11 = X 10 + (X 1)

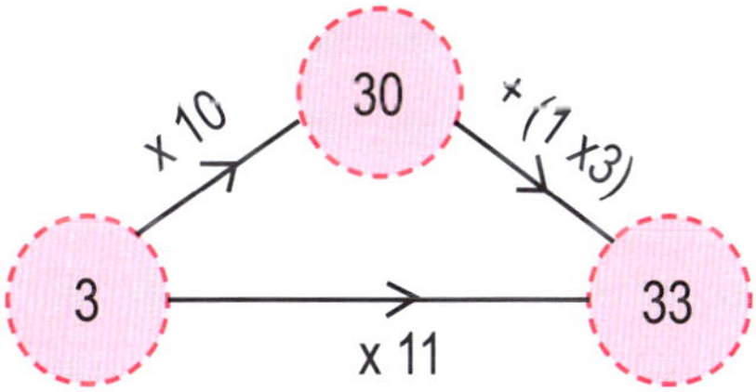

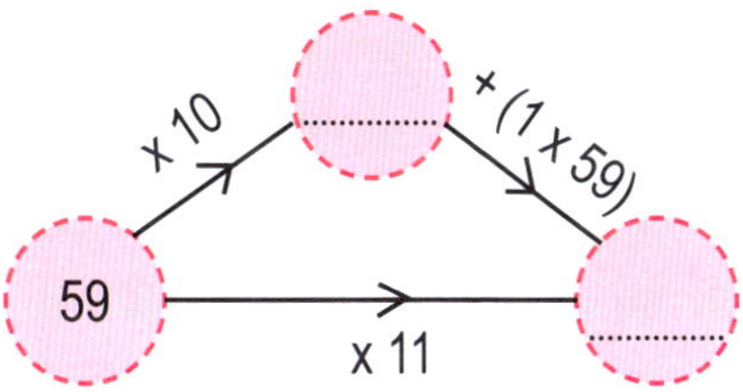

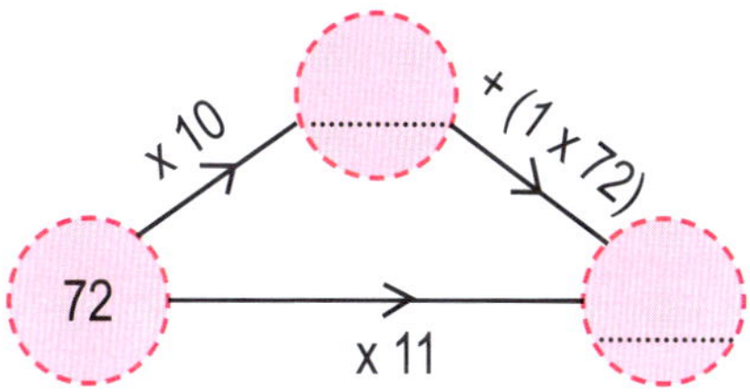

Effectue.

57 x 11 = (57 x 10) + 57 = ...
(57 x 10 = 570)

123 x 11 = ...

72 x 11 = ...

87,5 x 11 = ...

106 x 11 = ...

76 x 11 = ...

204 x 11 = ...

55,5 x 11 = ...

12,8 x 11 = ...

44,2 x 11 = ...

	x 10	x 1	x 11
0,5			
1,3			
7,7			
	35		

x 11	
39	....
46	....
63	....
116	....
247	....

CALCUL MENTAL
X 9 = X 10 - (X 1)

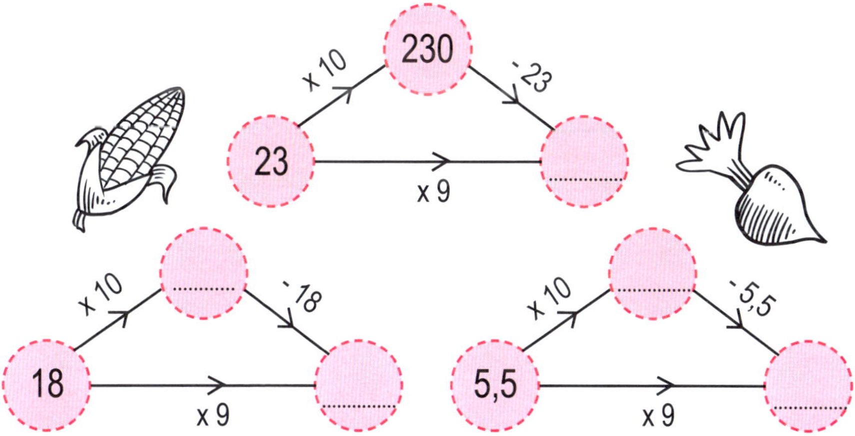

1. Effectue.

	68	73	101	124	156	22,5	0,5	6,5	0,2
x 10									
x 1									
x 9									

35 x 9 =(350 - 35) = ...

42 x 9 = ...

48 x 9 = ...

116 x 9 = ...

9 x 89 = ...

9 x 108 = ...

9 x 0,8 = ...

9 x 56 = ...

9 x 1,2 = ...

2,7 x 9 = ...

0,92 x 9 = ...

9 x 39 = ...

CALCULS EN CHAINE

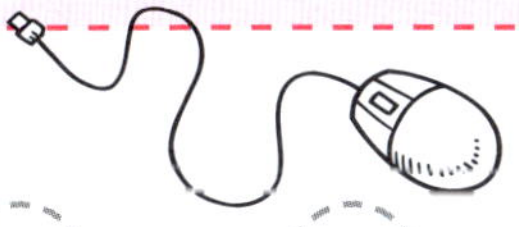

160	: 4	....	x 3	....
180	: 5	....	x 3	....
64	: 8	....	x 5	....
480	: 8	....	x 5	....
125	: 5	....	x 4	....
600	: 4	....	x 3	....
77	: 7	....	x 6	....
210	: 7	....	x 4	....
630	: 9	....	x 9	....
660	: 6	....	x 10	....
660	: 3	....	x 2	....
19	: 2	....	x 7	....
420	: 6	....	x 8	....
116	: 4	....	x 5	....
540	: 3	....	x 5	....
86	: 4	....	x 8	....
810	: 9	....	x 3	....
37	: 2	....	x 5	....
540	: 3	....	x 4	....
72	: 8	....	x 6	....

CALCUL ÉCRIT
ADDITIONS

1. Additions avec un report aux unités.

324,75	345,6	2 780,7	345,9	531,9
+ 43,82	+ 231,8	+ 13 218,7	+ 3 451,7	+ 346,8

2. Additions avec un report aux dizaines.

6 543	7 434	5 644	5 604	436,2
+ 419	+ 1 228	+ 1 249	+ 2 217	+ 238,1

3. Additions avec un report aux centaines.

273	4 532	5 683	43 880	176,5
+ 81	+ 2 182	+ 2 171	+ 23 080	+ 762,2

4. Additions avec un report aux unités de mille.

4 503	5 433	76 775	67 632	45 620
+ 1 824	+ 2 821	+ 12 413	+ 21 815	+ 32 730

CALCUL ÉCRIT
ADDITIONS (SUITE)

5. Additions avec 2 reports.

456,8	2 345,6	2 460,6	4 524	6 631
+ 51,9	+ 4 725,2	+ 5 960,3	+ 1 590	+ 3 827
....	....	....	....	....

6. Additions avec 3 reports.

2 349	56 311	4 529	563 211	6 328
+ 4 678	+ 55 704	+ 4 786	+ 49 965	+ 5 728
....	....	....	....	....

564,90	56 211	343 223	6 744,4	79,95
+ 247,85	+ 39 959	+ 653 989	+ 778,2	+ 58,70
....	....	....	....	....

7. Mélange.

117	218	1 359	627	444
+ 12,50	+ 100,4	+ 3 456,2	+ 450,1	+ 8 450
....	....	....	....	....

456	5 900,3	211,90	58 776	45
+ 63	+ 270,65	+ 475,45	+ 25 526	+ 123
....	....	....	....	....

567	85	523,1	48 776	677
+ 145	+ 208	+ 344,8	+ 15 526	+ 284
....	....	....	....	....

34	678	450,1	287	890
256	6 770	456,8	17,4	678,4
+ 44,8	+ 17,4	+ 6,3	+ 258,1	+ 49,2
....	....	....	....	....

CALCUL ÉCRIT
SOUSTRACTIONS

1. Avec un emprunt ou une compensation.

374	745	628	534	6 238
− 39	− 216	− 319	− 362	− 4 156
....	....	....	....	....

2. Avec deux emprunts ou deux compensations.

263	562	536	245	3 254
− 77	− 186	− 279	− 158	− 2 178
....	....	....	....	....

3. Avec trois emprunts ou compensations.

1 247	4 563	7 342	4 585	443,7
− 359	− 2 789	− 5 556	− 2 799	− 286,8
....	....	....	....	....
305,25	4 560,2	56 310,5	443,7	116,7
− 107,59	− 2 573,4	− 44 755,5	− 286,8	− 88,9
....	....	....	....	....

4. Mélange.

345	563	7 654	1 235	3 653
− 17	− 153	− 6 540	− 1 007	− 1 510
....	....	....	....	....

CALCUL ÉCRIT
MULTIPLICATIONS

1. Un multiplicateur.

55 x 6	42 x 3	451 x 6	632 x 5	116 x 9
4563 x 6	1245 x 3	3423 x 7	534,25 x 7	1243,20 x 3

2. Deux multiplicateurs.

55 x 13	34 x 16	19 x 14	236 x 21
451 x 36	8142 x 27	2231 x 55	2336,6 x 31

CALCUL ÉCRIT
DIVISIONS

1. Le diviseur n'a qu'un chiffre.

7 8 4 | 7

7 9 1 | 7

2. Le zéro s'intercale au quotient.

8 3 6 | 4

7 1 4 | 7

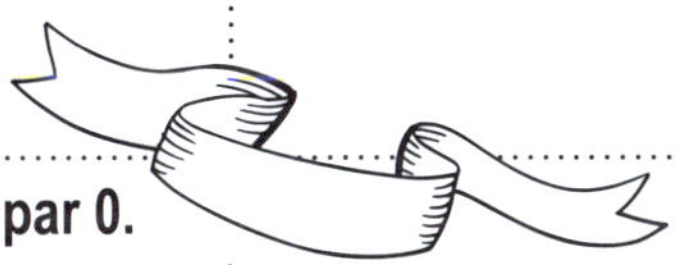

3. Le dividende se termine par 0.

6 2 0 0 | 4

7 5 3 0 | 3

CALCUL ÉCRIT
DIVISIONS

4. Le dividende et le diviseur se terminent par 0.

2 2 8 0 | 2 0

4 1 2 0 | 4 0

5. Le diviseur a 2 chiffres.

8 1 0 | 1 8

9 4 3 | 4 1

6. Le dividende est un nombre à virgule.

2 5 6,5 | 9

3 2 2,2 | 6

7. Mélange.

8 6 7 | 3

9 6 3 | 9

4 9,5 | 3

7 3 6 | 4

8 7 0 | 6

5 1 8 4 | 9

1. Colorie dans la couleur indiquée.

3/8 en rouge :

4/10 en vert :

2/12 en jaune :

7/12 en bleu :

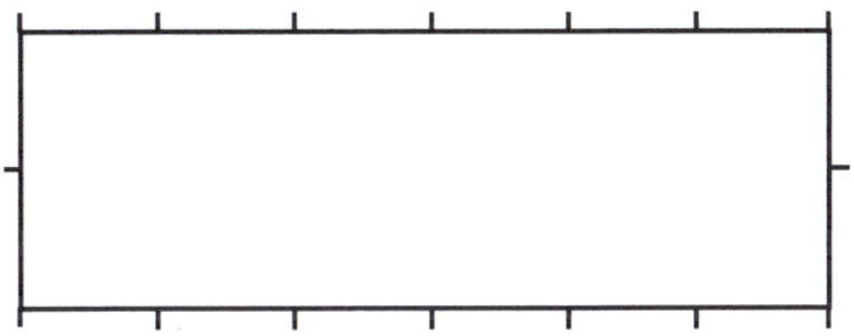

2/3 en brun :

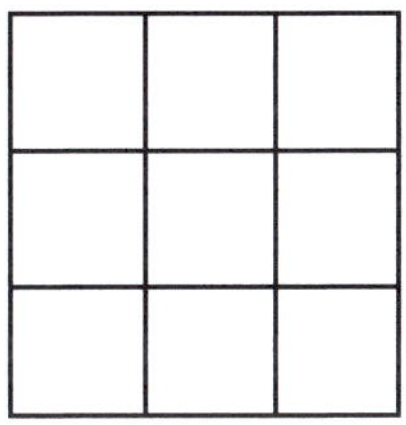

2/8 en rouge :

1/8 en vert :

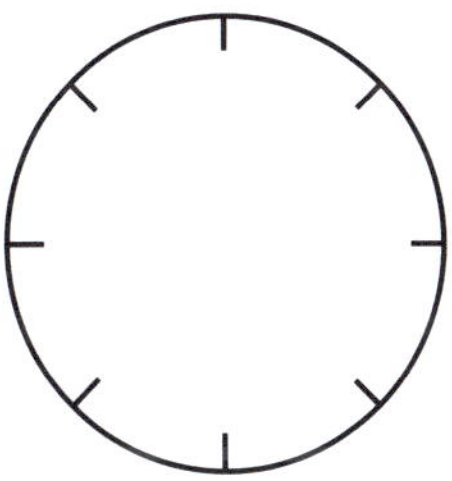

1 quart en jaune :

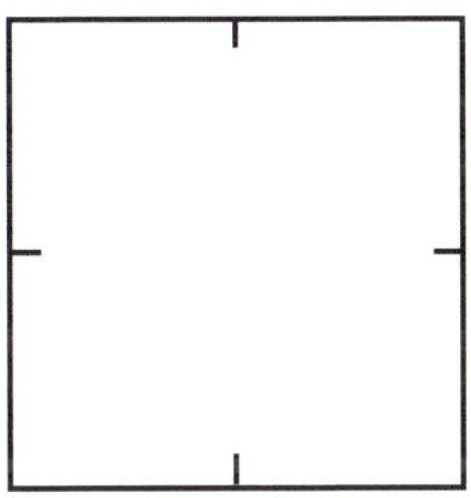

1/2 en bleu:

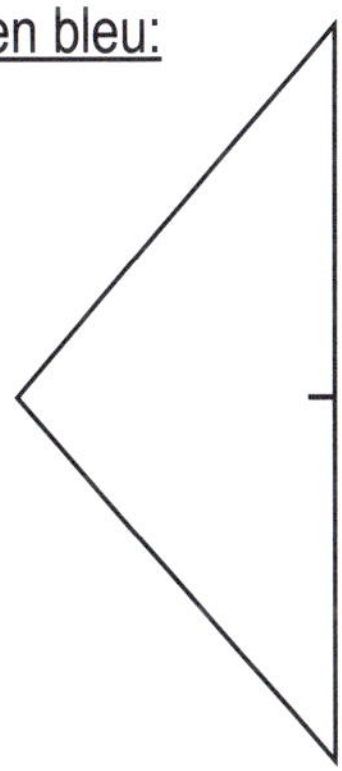

FRACTIONS ÉQUIVALENTES

1. Trouve 2 fractions équivalentes.

$\frac{5}{15}$ = ... = ...

$\frac{3}{9}$ = ... = ...

$\frac{7}{14}$ = ... = ...

$\frac{1}{10}$ = ... = ...

$\frac{12}{14}$ = ... = ...

$\frac{6}{18}$ = ... = ...

$\frac{5}{25}$ = ... = ...

$\frac{12}{24}$ = ... = ...

$\frac{3}{5}$ = ... = ...

$\frac{10}{60}$ = ... = ...

$\frac{1}{5}$ = ... = ...

$\frac{8}{16}$ = ... = ...

$\frac{9}{27}$ = ... = ...

$\frac{4}{12}$ = ... = ...

$\frac{12}{36}$ = ... = ...

2. Complète.

	1/10	3/10	4/10	5/10	7/10	9/10
30						
55						
105						
220						
19						

Joins les fractions équivalentes :

2/3 •   • 8/10

4/5 •   • 12/27

2/5 •   • 14/21

4/9 •   • 8/20

FRACTIONS

1. Trouve le rapport qui existe entre.

1 jour et une semaine : ……………………

1 semaine et 1 an : ……………………

1 min et 1 heure : ……………………

1 heure et 1 jour : ……………………

1 mois et 1 an : ……………………

5 min et 1h : ……………………

1 trimestre et 1 an : ……………………

1 semestre et 1 lustre : ……………………

1 dl et 1 l : ……………………

1 cl et 1 dl : ……………………

1 cl et 1 l : ……………………

2 € et 10 € : ……………………

1 g et 1 hg : ……………………

1 g et 1 dag : ……………………

100 g et 1 hg : ……………………

1 dal et 2 dal : ……………………

1 l et 1 dal : ……………………

2 dl et 2 l : ……………………

5 l et 1 dal : ……………………

0,5 l et 1 dal : ……………………

1 dm^2 et 1 m^2: ……………………

2 oeufs et 1 boîte de 12 : ……………………

Les cartes rouges d'un jeu de 52 cartes : ……………………

2. Complète.

24h, c'est …………… de semaine et …………… de mois de 30 jours.

Une pièce de 50 centimes, c'est …………… d'un billet de 100€.

L'été, c'est …………… d'année.

3 ans, c'est …………… de siècle.

15 minutes, c'est …………… d'une heure.

FRACTIONS

1. Décompose.

les 2/5 de 50 = 20

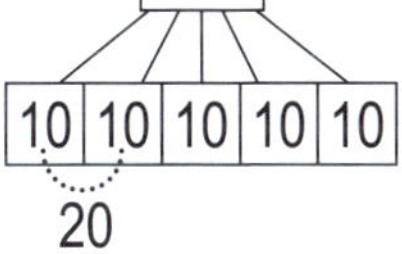

les 5/6 de 360 = ...

les 4/7 de 490 = ...

les 7/8 de 640 = ...

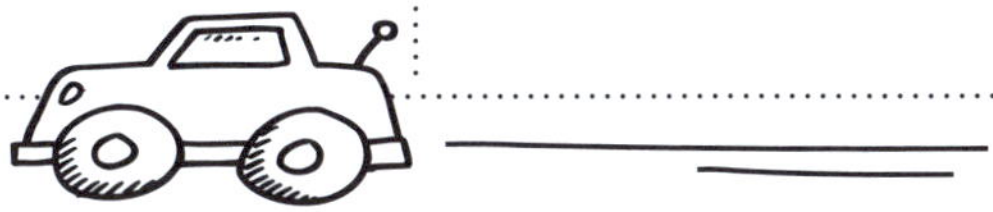

2. Effectue.

$\frac{1}{7}$ de 77 = ...

$\frac{5}{7}$ de 77 = ...

$\frac{1}{9}$ de 720 = ...

$\frac{4}{9}$ de 720 = ...

$\frac{1}{8}$ de 560 = ...

$\frac{3}{8}$ de 560 = ...

$\frac{2}{7}$ de 49 = ...

$\frac{4}{9}$ de 360 = ...

$\frac{2}{5}$ de 70 = ...

$\frac{5}{6}$ de 120 = ...

$\frac{3}{8}$ de 160 = ...

$\frac{3}{4}$ de 500 = ...

3. Complète.

.... /4 de 1200 = 300

.... /5 de 125 = 50

.... /4 de 48 = 36

.... /9 de 270 = 90

......................./7 de 490 = 210

......................./2 de 120 = 60

.............../............. de 505 = 101

.............../................... de 6 = 1,5

FRACTIONS
SIMPLIFICATION

1. Pour simplifier une fraction, on divise son numérateur et son dénominateur par un même nombre. Ce nombre doit être le plus grand possible ! (PGCD)

$\frac{4}{8}$ → : 4 → $\frac{1}{2}$ (: 4)

$\frac{12}{20}$ → : ___ → ___ (: ___)

$\frac{6}{18}$ → : ___ → ___ (: ___)

$\frac{7}{21}$ → : ___ → ___ (: ___)

2. Simplifie, et si c'est impossible, écris « imp ».

$\frac{9}{18}$ = ...

$\frac{5}{25}$ = ...

$\frac{4}{20}$ = ...

$\frac{6}{36}$ = ...

$\frac{8}{32}$ = ...

$\frac{9}{36}$ = ...

$\frac{7}{44}$ = ...

$\frac{18}{24}$ = ...

$\frac{24}{36}$ = ...

$\frac{8}{32}$ = ...

$\frac{36}{9}$ = ...

$\frac{21}{7}$ = ...

$\frac{66}{11}$ = ...

$\frac{8}{88}$ = ...

$\frac{9}{81}$ = ...

$\frac{5}{55}$ = ...

$\frac{9}{90}$ = ...

$\frac{12}{48}$ = ...

$\frac{25}{50}$ = ...

$\frac{6}{54}$ = ...

$\frac{14}{49}$ = ...

FRACTIONS
ADDITIONS ET SOUSTRACTIONS

1. Additions.

$\frac{1}{5} + \frac{3}{5} =$ ....

$\frac{7}{11} + \frac{2}{11} =$ ....

$\frac{5}{13} + \frac{4}{13} =$ ....

$\frac{6}{18} + \frac{2}{18} =$ ....

$\frac{4}{3} + \frac{13}{3} =$ ....

$\frac{5}{7} + \frac{3}{7} + \frac{4}{7} =$ ....

$\frac{3}{6} + \frac{5}{6} + \frac{7}{6} =$ ....

$\frac{6}{8} + \frac{2}{8} + \frac{9}{8} =$ ....

$\frac{7}{11} + \frac{4}{11} + \frac{3}{11} =$ ....

$\frac{17}{41} + \frac{12}{41} + \frac{14}{41} + \frac{29}{41} =$ ....

2. Soustractions.

$\frac{4}{5} - \frac{2}{5} =$ ....

$\frac{5}{7} - \frac{3}{7} =$ ....

$\frac{6}{10} - \frac{2}{10} =$ ....

$\frac{9}{4} - \frac{5}{4} =$ ....

$\frac{2}{11} - \frac{1}{11} =$ ....

$3 - \frac{5}{8} =$ ....

$4 - \frac{1}{6} =$ ....

$7 - \frac{3}{4} =$ ....

$9 - \frac{6}{7} =$ ....

$13 - \frac{4}{9} =$ ....

FRACTIONS
MULTIPLICATIONS ET DIVISIONS

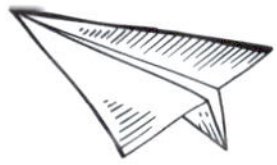

1. Multiplications.

$3 \times \frac{1}{5}$ = ...

$3 \times \frac{2}{7}$ = ...

$5 \times \frac{5}{7}$ = ...

$5 \times \frac{1}{9}$ = ...

$2 \times \frac{6}{8}$ = ...

$3 \times \frac{5}{3}$ = ...

$5 \times \frac{4}{2}$ = ...

$7 \times \frac{6}{5}$ = ...

$9 \times \frac{3}{7}$ = ...

$8 \times \frac{4}{11}$ = ...

2. Divisions.

$\frac{4}{7} : 2$ = ...

$\frac{8}{9} : 4$ = ...

$\frac{12}{5} : 3$ = ...

$\frac{9}{2} : 3$ = ...

$\frac{10}{3} : 5$ = ...

$\frac{12}{9}$: .... $= \frac{4}{9}$

$\frac{6}{7}$: .... $= \frac{2}{7}$

$\frac{4}{13}$: .... $= \frac{1}{13}$

$\frac{16}{3}$: .... $= \frac{2}{3}$

$\frac{9}{17}$: .... $= \frac{3}{17}$

FRACTIONS
NOMBRES DÉCIMAUX

Transforme.

$\frac{1}{4}$ = 0, 25

$\frac{1}{2}$ = ...

$\frac{1}{5}$ = ...

$\frac{2}{4}$ = ...

$\frac{3}{4}$ = ...

$\frac{2}{5}$ = ...

$\frac{3}{5}$ = ...

$\frac{4}{5}$ = ...

$\frac{1}{10}$ = ...

$\frac{2}{10}$ = ...

$\frac{4}{10}$ = ...

$\frac{5}{10}$ = ...

$\frac{9}{10}$ = ...

$\frac{1}{10}$ = ...

$\frac{1}{20}$ = ...

$\frac{40}{100}$ = ...

$\frac{36}{100}$ = ...

$\frac{25}{100}$ = ...

$\frac{90}{100}$ = ...

$\frac{50}{100}$ = ...

$\frac{75}{100}$ = ...

$\frac{80}{100}$ = ...

$\frac{10}{100}$ = ...

$\frac{99}{100}$ = ...

$\frac{5}{100}$ = ...

$\frac{20}{100}$ = ...

$\frac{68}{100}$ = ...

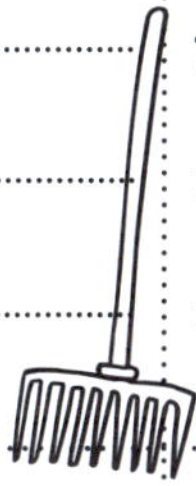

0,2 = ...

0,4 = ...

0,5 = ...

0,6 = ...

0,8 = ...

0,9 = ...

0,7 = ...

0,50 = ...

0,40 = ...

0,89 = ...

0,72 = ...

0,64 = ...

0,91 = ...

0,13 = ...

0,35 = ...

0,28 = ...

0,55 = ...

0,65 = ...

0,97 = ...

0,42 = ...

0,902 = ...

FRACTIONS
EXERCICES

1. Ajoute <, = ou >.

$\frac{1}{2}$ de 480 .... $\frac{1}{4}$ de 960

$\frac{1}{3}$ de 66 .... $\frac{1}{6}$ de 132

$\frac{1}{2}$ de 420 .... $\frac{1}{4}$ de 420

$\frac{4}{5}$ de 160 .... $\frac{4}{5}$ de 320

$\frac{2}{5}$ de 180 .... $\frac{2}{5}$ de 90

2. Classe ces fractions par ordre décroissant.

$\frac{1}{5}$ $\frac{1}{7}$ $\frac{1}{6}$ $\frac{1}{8}$

.... > .... > .... > ....

$\frac{1}{5}$ $\frac{1}{4}$ $\frac{1}{9}$ $\frac{1}{1}$

.... > .... > .... > ....

$\frac{2}{3}$ $\frac{2}{6}$ $\frac{2}{9}$ $\frac{2}{13}$

.... > .... > .... > ....

$\frac{4}{5}$ $\frac{4}{3}$ $\frac{4}{8}$ $\frac{4}{12}$

.... > .... > .... > ....

GRANDEURS
LE L, LE DL, LE CL, LE ML

KL	HL	DAL	L	DL	CL	ML

1. Trouve les capacités équivalentes grâce au tableau.

1 l = ... cl

1,5 l = ... cl

2 l = ... cl

750 ml = ... cl = _____ l

100 cl = ... l

0,25 l = ...cl = _____ l

0,7 l = ...cl

$\frac{1}{4}$ de l = ...cl

$\frac{1}{2}$ l = ...cl

$\frac{1}{5}$ de l = ...cl

2. Complète.

0,3 l	4 dl	l	= 1 L
$\frac{2}{10}$ de l	$\frac{1}{5}$ de l	l	= 1 L
l	dl	1 dl	= 1 L
= 1 L	= 1 L	= 1 L	

0,4 l	0,4 l	l	= 2 L
0,7 l	dl	dl	= 2 L
dl	l	1 dl	= 2 L
= 2 L	= 2 L	= 2 L	

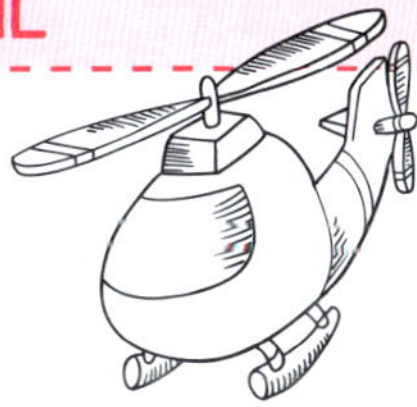

3. Transforme dans la même unité et calcule.

1 l - 75 cl = ...cl
..........cl

3/4 de l + 15 cl = ... cl
..........cl

4 dl + 40 cl = ...cl
..........cl

0,6 l + 20 cl = ...cl
..........cl

3,5 l - 60 cl = ... cl
.... cl

70 cl - 2 dl = ...cl
.... cl

9 l - 85 dl = ...dl
.... dl

6 dal + 16 l = ...l
.... l

9 dal - 24 l = ...l
.... l

5 dal - 0,5 l = ...l
.... l

34 dal - 34 l = ... l
.... l

69 l + 1/2 dal = ...l
.... l

1 L C'EST :	1 DL C'EST :	1 CL C'EST :
1 dal :........................	1 l :	1 dl : ....
1 dl x	1/2 l :........................	1 l : ....
0,2 l x........................	1 dal :........................	1/2 l : ....

GRANDEURS
LE KG, LE HG, LE DAG, LE G

KG	HG	DAG	G	DG	CG	MG

1. Décompose.

135 g

1 hg	........dag	............g

938 g

....	....	....

119 g

....	....	....

2. Recompose.

5 g + 4 dag + 6 hg = ...g

9 hg + 5 dag + 1 g = ...g

3 g + 4 dag + 8 hg = ...g

4 dag + 5 hg = ... g

9 dag + 3 g = ... g

7 hg + 5 dag + 6 g = ... g

3. Complète pour obtenir 1 kg.

1 KG =

250 g + ...

0,6 kg + ...

$\frac{2}{10}$ de kg x ....

1 KG =

7 hg + ...

1,3 kg - ....

$\frac{1}{10}$ de kg + ...

1 KG =

60 g + ...

0,5 hg + ...

200 g x ....

GRANDEURS
LE KG, LE HG, LE DAG, LE G

1. Complète.

1 KG			
.... kg = ... g		.... kg = ... g	
.... kg = ... g	.... kg = ... g	.... kg = ... g	.... kg = ... g

2. Calcule.

1 kg : 10 = ...

1 hg x 10 = ...

1 dag x 100 = ...

1 hg : 10 = ...

1 kg : 100 = ...

1 g x 1 000 = ...

3 hg - 16 g = ... g
.... g

1 kg - 3 hg = ... g
.... g .... g

6 dag + 8 hg = ... g
.... g .... g

4 kg : 5 = ... g
.... g

5 dag + 5 hg = ... g
.... g .... g

0,8 kg - 4 dag = ... g
.... g .... g

7 kg - 7 hg = ... g
.... g .... g

4 x 2,5 hg = ... g
.... g

GRANDEURS
LE KM, L'HM, LE DAM, LE M

KM	HM	DAM	M	DM	CM	MM

1. Transforme en mm.

13,5 cm = ... mm

50 cm = ... mm

$\frac{1}{2}$ m = ... mm

32,2 cm = ... mm

58,1 cm = ... mm

$\frac{1}{5}$ de m = ... mm

3 cm + 6 mm = ...mm
.... mm

5 cm + 8 mm = ...mm
.... mm

2 cm + 3 mm = ...mm
.... mm

5 cm - 5 mm = ...mm
.... mm

3 x 1,5 cm = ...mm
.... mm

35 mm + 0,5 cm = ...mm
.... mm

3 x 2,5 mm = ...mm

4 cm : 2 = ...mm
.... mm

19 cm - 4,5 cm = ...mm
.... mm .... mm

5 cm - (3 x 6 mm) = ...mm
.... mm .... mm

7 mm x 10 = ...mm

28 mm = ...cm + ...mm

35 mm - 2 cm = ...mm
.... mm

1 m - 452 mm = ...mm
.... mm

GRANDEURS
LE KM, L'HM, LE DAM, LE M

2. Transforme en cm.

3 dm et 5 cm = ... cm

17,5 dm = ... cm

0,8 dm = ... cm

13 dm - 5 cm = ... cm

6,5 m = ... cm

3 m et 7 dm = ... cm

0,9 m = ... cm

1,3 m = ... cm

3. Transforme en dam.

3 hm = ... dam

6 hm + 3 dam = ... dam

0,8 hm = ... dam

7,5 hm = ... dam

68 km = ... dam

650 m = ... dam

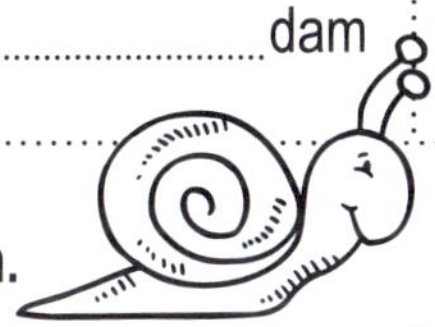

4. Transforme en m.

6 dam = ... m

5 dam + 3 m = ... m

0,5 dam = ... m

5,6 dam = ... m

1,5 hm = ... m

3 hm : 2 = ... m

3 dam + 116 m = ... m
..........m

5 hm - 5 dam = ... m
..........m ....m

38 m + 6,4 dam = ... m
..........m

3,2 dam + 4 dam = ... m
..........m ....m

GRANDEURS
LE KM, L'HM, LE DAM, LE M

5. dam? hm? km?

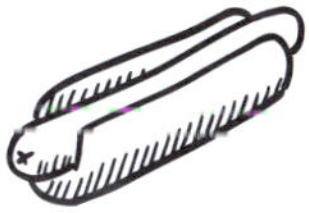

La longueur d'un terrain de football est de 1,2 ....

La distance entre Bruxelles et Ostende est de 110 ....

La hauteur du mont Blanc est de 48,07 ....

La grande muraille de Chine est longue de 6 700 ....

6. Transforme.

1 DAM =	1 HM =	1 KM =
13,50 m -	342 m -	2 dam x ....
2 m x	5 dam x	4 hm x ....
1 hm :	1 km :	526 m + ...
1 km :	2 km :	4,5 hm + ...
0,3 hm -	1/2 dam x	51 dam + ...

3 dam + 142 m = ... m
.... m

4 km - 4 hm = ... m
.... m .... m

3,2 km - 5 hm = ... m
.... m .... m

6 hm - 4,2 dam = ... m
.... m .... m

3,5 hm : 2 = ... m
.... m

39 dam - 17,5 m = ... m
.... m

GRANDEURS
L'EURO

1 EURO =

.... pièces de 50 c
.... pièces de 20 c
.... pièces de 10 c
.... pièces de 5 c
.... pièces de 2 c

1. Réponds aux questions.

Puis-je payer 1 245€ en ne donnant que des billets de 5 € ? OUI NON

Marc prétend qu'il s'est payé un livre coûtant 18,47 € avec l'argent de sa tirelire qui contenait 16 p de 50c et 13 p de 5c. POSSIBLE IMPOSSIBLE

....

....

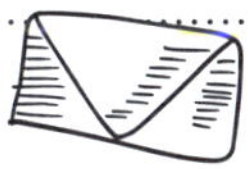

2. Effectue.

(3 x 20€) + (4 x 50€) = ... €
(500€ : 4) + 100€ = ... €
(1 000€ : 8) - (7 x 5€) = ... €
(6 x 500€) - 112€ = ... €
(7 x 50c) + 442€ = ... €

GRANDEURS
LA TEMPÉRATURE ET LE THERMOMÈTRE

1. Calcule la moyenne de ces températures relevées pendant une semaine à midi à l'extérieur.

3°	5°	1°	0°	-4°	-6°	-3°
D	L	M	M	J	V	S

Moyenne = ...

Quel jour a-t-il fait le plus chaud ? ....

Quel jour a-t-il fait le plus froid ? ....

....

2. Indique la température de lundi et de vendredi sur les thermomètres.

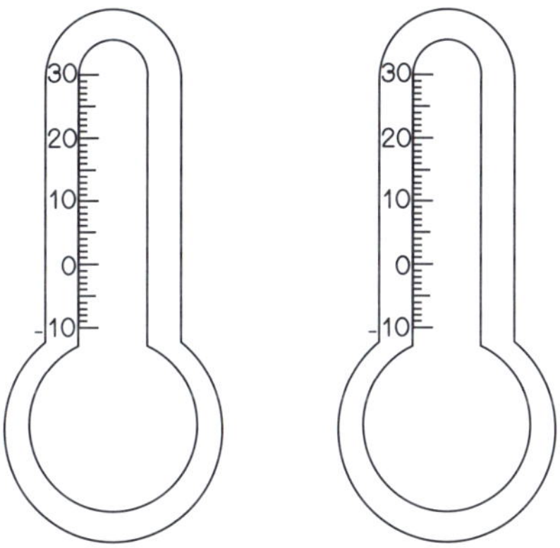

LA TEMPÉRATURE AUGMENTE
23° + 6° = ...
5° + 12,6° = ...
-3° + 7° = ...
-6° + 6,2° = ...

LA TEMPÉRATURE DIMINUE
23° - 6° = ...
34,7° - 6° = ...
28,4° - 12,2° = ...
- 11° - 3,2° = ...

GRANDEURS
LE JOUR, LA SEMAINE, LE MOIS, L'ANNÉE

Complète.

Quel est le nom du 7e mois de l'année ? ....

Quel est le mois le plus court de l'année ? ....

Une année bissextile compte .... jours.

Ensemble, mars et avril ont .... jours.

Décembre contient .... nuits.

Si le 4 novembre est un lundi, alors le 16 novembre, est un ....

1/5 de siècle = ... années

Une année comporte .... saisons

Quels sont les 2 mois qui se suivent et qui comportent 31 jours ?

....

L'année scolaire commence le .... mois de l'année.

Si mon anniversaire est au mois de juillet, en quelle saison est-ce que je le fête ? ....

GRANDEURS
L'HEURE, LA MINUTE ET LA SECONDE

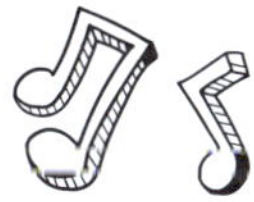

1. Effectue.

1 h = ... min

2 h+ $\frac{1}{2}$ h = ... min

90 min = ... h ....

$\frac{1}{3}$ d'h = ... min

180 min = ... h

$\frac{1}{4}$ d'h = ... min

$\frac{1}{5}$ d'h = ... min

1 h : 2 = ... min

$\frac{1}{10}$ d'h = ... min

3 h : 2 = ... min

$\frac{2}{6}$ d'h = ... min

$\frac{1}{6}$ d'h = ... min

6 min = ... sec

15 min = ... sec

$\frac{1}{2}$ min = ... sec

5 min = ... sec

90 sec = ... min ....

180 sec = ... min

15 sec = ... min

$\frac{1}{5}$ de min = ... sec

3 min + 60 sec = ... min

$\frac{1}{6}$ de min = ... sec

3 min : 2 = ... sec

5 min : 2 = ... sec

2. Complète.

20 min + 1/5 d'h + 5 min + ... min	= 1H
1/2 h + 10 min + 12 min + ... min	= 1H
1/4 d'h + 15 min + 8 min + ... min	= 1H
22 min + 1/6 d'h + 1/4 d'h + ... min	= 1H

GRANDEURS
LA LECTURE DE L'HEURE

1. Écris l'heure de 2 façons différentes.

....

ou .... ou .... ou .... ou ....

....

ou .... ou .... ou .... ou ....

2. Problème.

Le train part à 10h10.
Ecris le sur le cadran.

Le trajet dure 1h20.
Ecris l'heure d'arrivée sur l'horloge.

3. Dessine les aiguilles aux heures demandées.

14 h 20

16 h 40

09 h 30

midi

9 h 15

13 h 50

11 h 30

7 h 35

4. Exercice pratique.

Heures d'ouverture

Tous les jours de :

 → 

9 à 20h

Le vendredi de :

 → 

9 à 21h

Le mardi, ce magasin est ouvert pendant .... h.

Le vendredi, ce magasin est ouvert pendant .... h.

GRANDEURS
EXERCICES

x 10	
1 dal	1 ....
1 dam	1 ....
1 cm	1 ....
1 dag	1 ....
1 dm	1 ....
1 cl	1 ....
1 l	1 ....
1 dl	1 ....
1 g	1 ....
1 hm	1 ....

x 100	
1 cm	1 ....
1 g	1 ....
1 dag	1 ....
1 cl	1 ....
1 mm	1 ....
1 m	1 ....
1 ml	1 ....
1 l	1 ....
1 dm	1 ....
1 dam	1 ....

x 1000	
1 ml	1 ....
1 mm	1 ....
1 g	1 ....
1 dl	1 ....
1 m	1 ....
1 cl	1 ....
1 dm	1 ....
1 l	1 ....
1 mg	1 ....
1 cm	1 ....

: 10	
1 hg	1 ....
1 kg	1 ....
1 hm	1 ....
1 l	1 ....
1 dm	1 ....

: 100	
1 dm	1 ....
1 l	1 ....
1 dam	1 ....
1 kg	1 ....
1 m	1 ....

: 1000	
1 kg	1 ....
1 hl	1 ....
1 dal	1 ....
1 m	1 ....
1 km	1 ....

GRANDEURS
LE CM² ET LE DM²

1. Colorie.

En rouge un rectangle de 6 cm² d'aire.

En jaune, un carré de 9 cm² d'aire.

En vert une figure de 5 cm² d'aire.

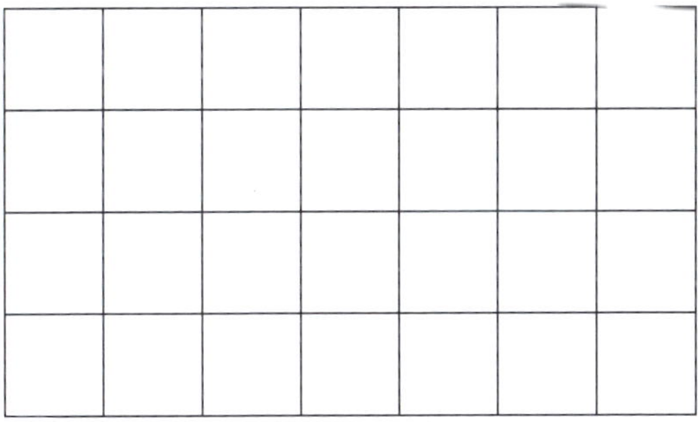

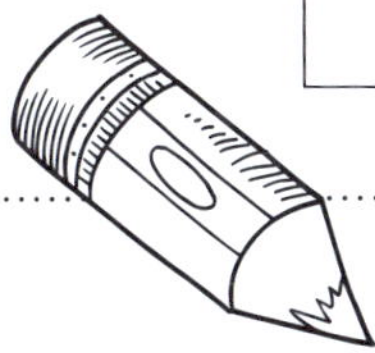

2. Convertis.

1 dm² = ... cm²

2 dm² = ... cm²

0,5 dm² = ... cm²

$\frac{1}{4}$ de dm² = ... cm²

2,5 dm² = ... cm²

$\frac{1}{5}$ de dm² = ... cm²

1,6 dm² = ... cm²

100 cm² = ... dm²

300 cm² = ... dm²

10 cm² = ... dm²

25 cm² = ... dm²

150 cm² = ... dm²

40 cm² = ... dm²

1 000 cm² = ... dm²

3. Complète pour obtenir 1 dm².

.... x 0,5 dm²

55 cm² + ...

1/5 dm² + ...

174 cm² - ....

4. Complète.

35 cm² + 17 cm² = ... cm²

4 dm² + 1,5 dm² = ... dm²

120 cm² - 1 dm² = ... cm²

1 dm² : 2 = ... cm²

GRANDEURS
LE M², LE DM², LE CM²

KM²	HM²	DAM²	M²	DM²	CM²	MM²

1. Quelle unité choisirais-tu de préférence pour calculer l'aire...

a) de la Belgique ? ....

b) du tableau ? ....

c) du sol de la classe ? ....

d) de la cour de récréation ? ....

e) d'une étiquette de cahier ? ....

2. Convertis.

$1\ m^2 =$ .... dm^2

$2\ m^2 =$ .... dm^2

$0{,}5\ m^2 =$ .... dm^2

$\frac{1}{5}\ m^2 =$ .... dm^2

$4{,}5\ m^2 =$ .... dm^2

$\frac{1}{10}\ m^2 =$ .... dm^2

$0{,}9\ m^2 =$ .... dm^2

$1\ m^2 =$ .... cm^2

$2{,}5\ m^2 =$ .... cm^2

$100\ dm^2 =$ .... m^2

$300\ dm^2 =$ .... m^2

$25\ dm^2 =$ .... m^2

$150\ dm^2 =$ .... m^2

$1\,000\ dm^2 =$ .... m^2

$500\ dm^2 =$ .... m^2

$250\ dm^2 =$ .... m^2

$35\ dm^2 +$ .... $dm^2 = 1\ m^2$

$8\,000\ cm^2 +$ .... $cm^2 = 1\ m^2$

GRANDEURS
LES VOLUMES

VOLUME = LONGUEUR X LARGEUR X HAUTEUR

1. Calcule le volume de ces caisses.

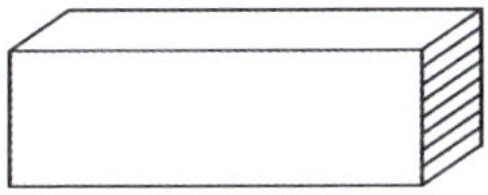

LONGUEUR	LARGEUR	HAUTEUR	VOLUME
10 cm	6 cm	2 cm	.... cm^3
15 cm	8 cm	4 cm	.... cm^3
40 cm	30 cm	15 cm	.... cm^3 ou .... dm^3
45 cm	20 cm	18 cm	.... cm^3 ou .... dm^3
25 cm	24 cm	10 cm	.... cm^3 ou .... dm^3

....

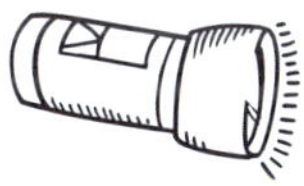

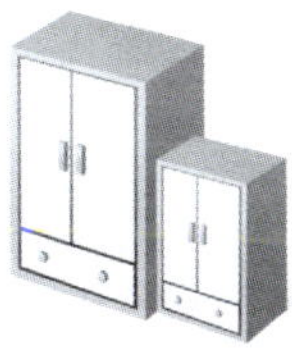

2. Calcule le volume de ces armoires.

LONGUEUR	LARGEUR	HAUTEUR	VOLUME
50 cm	40 cm	80 cm	.... cm^3 ou .... dm^3
50 cm	50 cm	50 cm	.... cm^3 ou .... dm^3
80 cm	70 cm	60 cm	.... cm^3 ou .... dm^3
90 cm	70 cm	....	504 000 cm^3 ou .... dm^3

PROBLÈMES RAPIDES

1. Si 13 caisses de même poids pèsent ensemble 1 105 kg, combien pèse une caisse ? 65 kg 70 kg ? 85 kg ? 90 kg ?

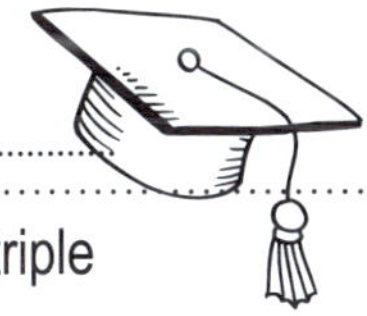

2. Un livre compte 138 pages. Un second livre en compte le triple + 2 pages ou .... pages.

3. Ma tirelire contient 43 €. J'en retire trois billets de 10 € et 2 billets de 5 €. Combien reste-il de pièces de 1 € ?

.... pièces de 1 €.

4. Un champ rectangulaire a une longueur de 60 m et une aire de 1 800 m^2. Quelle est sa largeur ?

5. Une caisse a une longueur de 16 dm, une largeur de 11 dm et une hauteur de 9 dm. Quel est son volume ?

6. Le 1/6 d'un nombre = 36,5. Quel est ce nombre ?

7. Je suis rentré à 15h47 chez le dentiste. J'en suis sorti à 16h12. La visite a duré .... minutes.

8. Si le périmètre d'un carré est de 92 cm, son aire est de

.... cm^2.

9. Un cycliste a parcouru 252 km en 9 h. Calcule sa vitesse horaire moyenne :

PROBLÈMES RAPIDES

1. Pour 2 kg d'oranges et 1 kg de bananes, Nadine a payé 4,10 €. 1 kg de bananes coûte 1,2 €.
Combien coûte 1 kg d'oranges ?

2. Combien de timbres à 0,25 cents peut-on acheter si l'on dispose de 3,67€ ?

3. Trois livres coûtent ensemble 47,74 €. Le premier coûte 12,50 € et le 3ᵉ 15,25 €. Combien coûte le 2ᵉ ?

4. Une ampoule électrique coûte 2,60 €. Combien peut-on en acheter avec 21,4 € ? 7 ? 8 ? 9 ? 10 ?

5. Michel a dépensé les 2/3 de son argent de poche, et il lui reste encore 116,50 €.Combien possédait-il ?

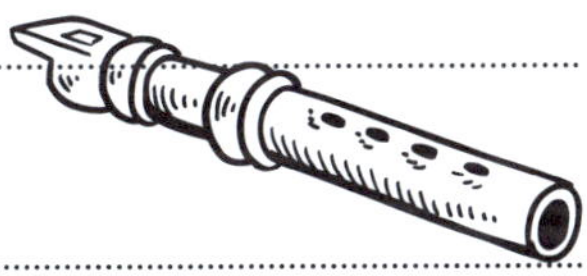

6. 6 couques semblables coûtent 5,4 €.
Combien payerait-on pour 11 couques identiques ?

7. Quel est le volume d'un cube en bois de 7 mm d'arête ?
V =

PROBLÈMES
LE BON CHOIX

1. Entoure l'achat le plus avantageux.

1.		Petit paquet de chips : 45 g à 0,45 € <u>ou</u> 200 g à 1,39 €
2.		Savon : 150 g à 1,35 € <u>ou</u> 200 g à 2,59 €
3.		Huile : 0,5 L à 3,89 € <u>ou</u> 1 L à 6, 79 €
4.		Pommes : 8 pièces à 2,24 € <u>ou</u> 6 pièces à 2,49 €
5.	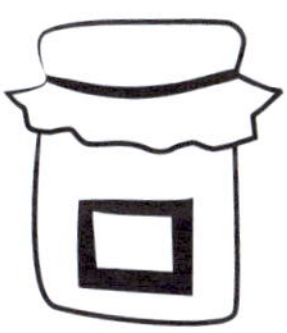	Pot de confiture : 450 g à 1,69 € <u>ou</u> 700 g à 2,19 €

PROBLÈMES
MOYENNES

1. Pendant le mois de janvier, Martine a obtenu les cotes suivantes en orthographe : 6,5 / 8 / 7,5 / 8 / 7 / 5. Calcule la moyenne de ses notes.

Calcul :

Etape n°1 => 6,5 + 8 + 7,5 + 8 + 7 + 5 = 42

Etape n°2 => 42 : 6 cotes = 7

Phrase :

Martine a obtenu .... de moyenne en orthographe.

....

2. Un fermier a ramassé 36 oeufs lundi, 44 oeufs mardi, 34 mercredi, 38 jeudi, 41 vendredi, 39 samedi et 34 dimanche. Combien d'oeufs a-t-il ramassés en moyenne par jour ?

Calcul :

....

....

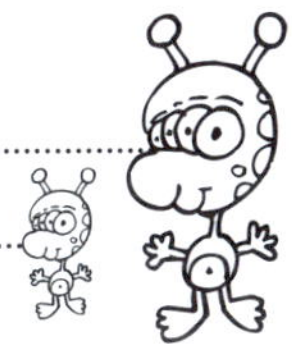

Phrase :

....

....

3. Une voiture roule pendant 3h. Pendant la 1ère heure, elle parcourt 63 km, pendant la 2ème, 58 km et pendant la 3ème, 59 km. Quelle est sa vitesse moyenne à l'heure ?

Calcul :

....

....

Phrase :

....

PROBLÈMES
POURCENTAGES

1. Colorie.

- 10 % de ce rectangle en bleu
- 20 % en jaune
- 30 % en vert
- 40 % en rouge

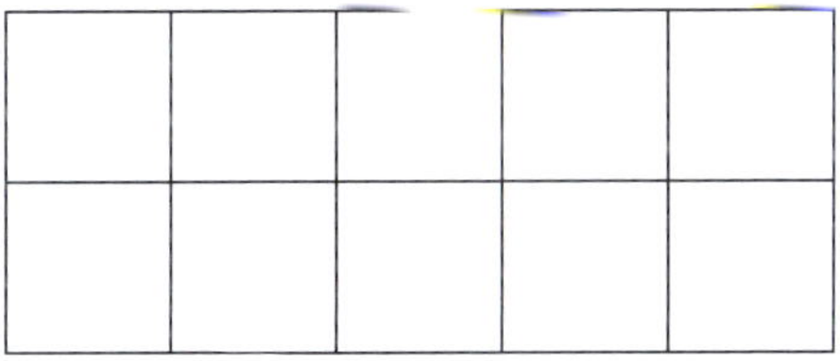

2. Calcule.

1 % de 100 = ...

10 % de 100 = ...

5 % de 100 = ...

50 % de 100 = ...

3. Complète.

	1 %	5 %	10 %	20 %	25 %	50 %
480						
640						

4. Calcule la ristourne.

Une machine à laver - 5 %	Un pantalon - 40 %
Prix de départ : 450 €	Prix de départ : 50 €
....	....
....	....

PROBLÈMES

RISTOURNES - REMISES - SOLDES

1. Transforme en fraction.

20 % = $\frac{1}{5}$	10 % = ...	40 % = ...
50 % = ...	5 % = ...	25 % = ...

2. Mon voisin a acheté une tronçonneuse valant 750 €. Il a otenu une remise de 5 %. A combien lui revient-elle ?

1 % de 750 € = ...

5 % de 750 € = ...

La tronçonneuse lui revient à ....

....

3. Mon père n'a payé que 27 € un rasoir électrique qui était affiché à 30 €. Calcule le pourcentage de la ristourne obtenue.

Calculs : ....

....

Phrase : ....

....

4. Effectue.

225 € - 5 % = ...

375 € - 10 % = ...

PROBLÈMES
PRIX D'ACHAT - PRIX DE VENTE - BÉNÉFICE

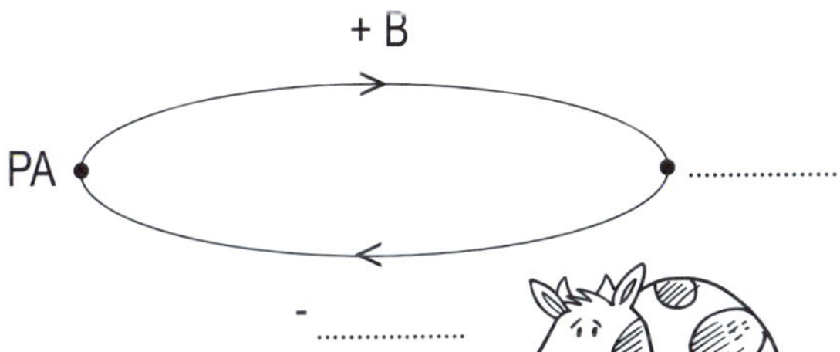

PA + B = ...

PV - B = ...

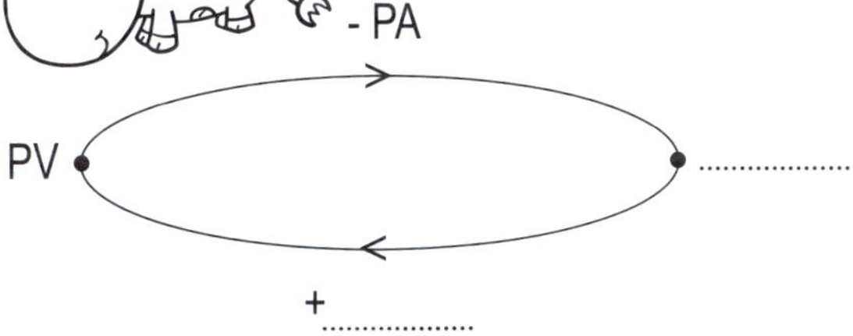

PV - PA = ...

B + PA = ...

....

1. Un commerçant a acheté un vase pour 15 € et l'a revendu en gagnant le tiers du prix d'achat. Calcule le PV de ce vase.

$\frac{1}{3}$ du prix d'achat = ...

Prix de vente de ce vase = ...

....

2. Un charcutier achète du jambon à 4 € les 100 g. Combien gagne-t-il lorsqu'il vend 500 g de ce jambon à 7,5 € les 100 g ?

Sur 100 g de jambon, il gagne : ....

Sur 500 g de jambon, il gagne : ....

PROBLÈMES
PRIX D'ACHAT - PRIX DE VENTE - PERTE

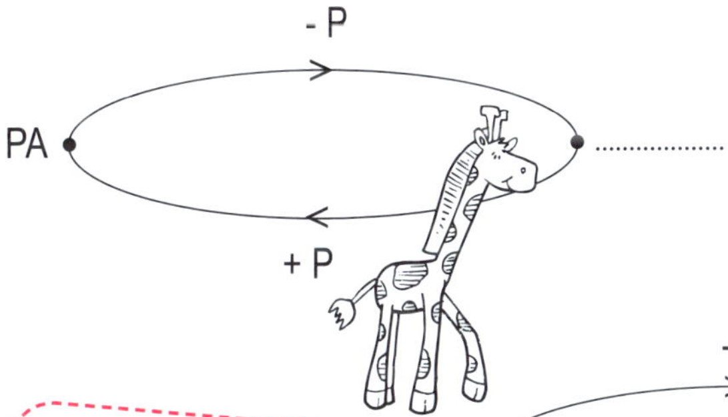

PA - P = ...

PV + P = ...

PA - PV = ...

P + PV = ...

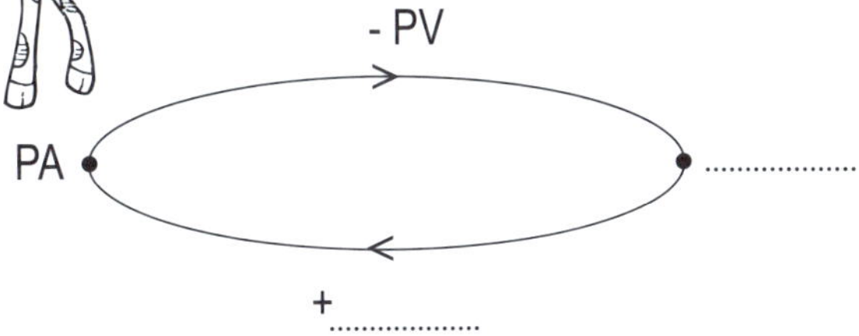

....

1. Un menuisier a acheté des portes à 95 €/ pièce. Pendant le transport, une porte est abîmée. Il la revendra en perdant 10 % sur le PA. Calcule le prix de vente de cette porte.

Calcul : ....

....

Phrase : ....

....

2. Un marchand de fruits a acheté une caisse de 20 kg de pommes pour 18 €. Il ne parvient qu'à en revendre 16 kg à 1 € le kg et doit jeter le reste qui est avarié. Combien a-t-il perdu en vendant ses pommes ?

Prix de vente global des pommes : ....

....

En vendant ses pommes, il a perdu : ....

PROBLÈMES
PRIX D'ACHAT – PRIX DE VENTE – PERTE – BÉNÉFICE

1. Un grossiste avait acheté 550 kg de café à 1,5 € le kg. Il en a vendu 300 kg à 2 € le kg. Suite à une baisse des prix, il doit vendre le reste à 0,5 € le kg. A-t-il fait un bénéfice ou une perte ?

Calcul : ....

....

....

....

Phrase: ....

....

2. Complète.

Si le PV < PA, le commerçant fait ....

Si le PV > PA, le commerçant fait ....

Si le PV = PA, le commerçant ....

PA	PV	B	P
3 421 €	4 412 €		
7 212 €	9 056 €		
	14 286 €		1 245 €
1 608 €		419 €	
	112,5 €	28,25 €	
4 569 €			59 €

PROBLÈMES
DISTANCES PARCOURUES

1. Un avion vole à une vitesse constante de 480 km/h.

Quelle distance pourcourt-il en 3h 15min ?

En 3h, il parcourt : ....

En 15min il parcourt : ....

En 3h 15min, il parcourt : ....

....

2. Un train roulant à une vitesse moyenne de 60 km/h a mis 4h 10min pour joindre 2 villes. Quelle distance sépare ces 2 villes ?

En 4 heures il a parcouru : ....

....

....

....

....

3. Un automobiliste a parcouru 520 km en 8h.

Quelle est sa vitesse moyenne horaire ?

Calcul : ....

....

Phrase : ....

PROBLÈMES
PARTAGES INÉGAUX

1. Partage 210 € entre 2 personnes de sorte que l'une reçoive le double de l'autre.

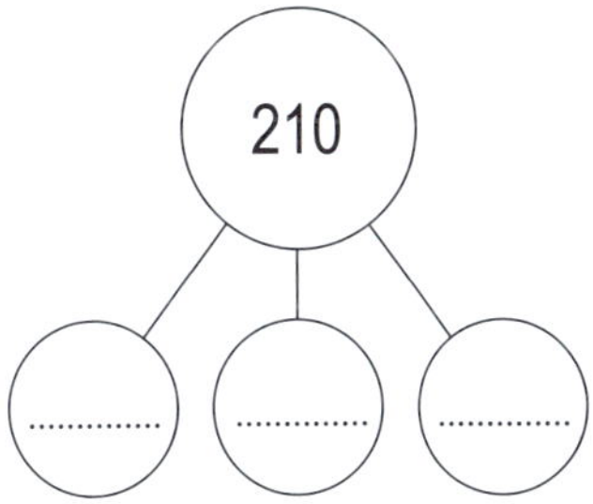

Nombre de parts : ....

La première personne reçoit : ....

La seconde reçoit : ....

....

2. J'ai acheté une table et une armoire pour 92 €. L'armoire coûte 3 fois plus cher que la table. Calcule le prix de chaque article.

Nombre de parts : ....

Je divise par ce nombre : ....

La table coûte : ....

L'armoire coûte : ....

....

3. Un commerçant doit répartir 360 kg de café entre 2 clients de manière à ce que le premier reçoive 40 kg de plus que le second.

Calcule la part de chacun.

a) On enlève la différence : ....

b) On divise par le nombre de parts : ....

Le premier client reçoit : ....

Le second client reçoit : ....

PROBLÈMES

1. Ma soeur a payé 84 € pour 7 albums de Tintin. Combien aurait-elle payé pour 5 albums ?

(..............) — : 7 → (..............) — x 5 → (..............)

Prix d'un album : ....

Prix de 5 albums : ....

....

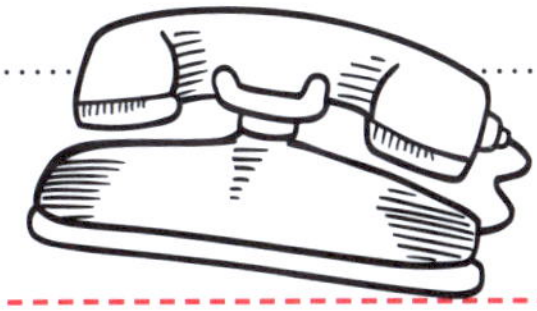

2. Complète.

Chicorée

1 kg	→ Coûte	3 €
x 2 ↓		↓ x 2
2 kg	→ Coûtent	....
x 3 ↓		↓ x 3
6 kg	→	....
x.......... ↓		↓ x..........
18 kg	→	....

Alcool

7 l	→ Coûte	72 €
: 2 ↓		↓ : 2
3,5 l	→ Coûtent	....
x 4 ↓		↓ x 4
14 l	→	....
x.......... ↓		↓ x..........
42 l	→	....

PROBLÈMES
À L'ÉCHELLE

Longueur réelle —— x échelle ——> Longucur sur la carte

Complète.

Longueur réelle	Échelle	Sur la carte
540 m	1/10 000	.... cm
1 250 m	1/10 000	.... cm
8 km	1/100 000	.... cm
....	1/100	5 cm
....	1/1 000	63 cm
....	1/10 000	4,5 cm
....	1/10 000	8,1 cm
2 km	....	2 cm
13 m	....	13 cm

Échelle	Sur la carte	Représente en réel
1/10	1 cm	....
1/100	1 cm	....
1/1 000	1 cm	....
1/100 000	1 cm	....

PROBLÈMES
DE LIQUIDES ET DE POIDS

1. D'une cuve qui contenait 1 200 l de mazout, on a soutiré 12 seaux d'1 dal et puis 19 seaux de 7 l de mazout. Quelle quantité de mazout a-t-on soutirée ?

Calcul : ....

....

....

Phrase : ....

....

2. Un fermier a recueilli 425 l de lait qu'il a réparti dans des cruches de 25 l de contenance. Calcule le nombre de cruches.

Calcul : ....

....

....

Phrase : ....

....

3. Dans un bateau ne pouvant transporter que 3 T de marchandises, on a chargé 38 caisses pesant chacune 80 kg.

Quel poids doit-on enlever ?

Calcul : ....

....

....

Phrase : ....

PROBLÈMES
AU MARCHÉ

1. Un pâtissier a acheté 3 douzaines d'oeufs à 30 c/pièce et 7 kg de beurre à 8 € le kg. Combien a-t-il payé en tout ?

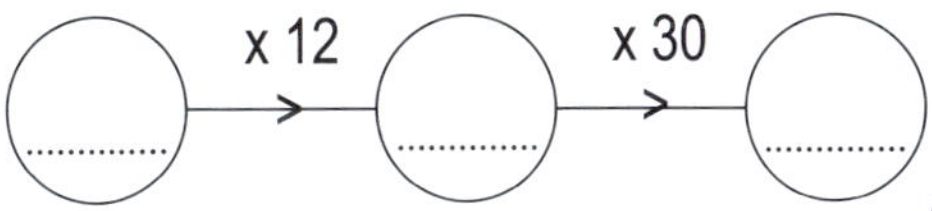

Prix des oeufs : ....

Prix du beurre : ....

Prix total : ....

Phrase : ....

....

2. Combien de kg de beurre peut-on extraire de 140 l de lait, sachant qu'un litre de lait donne + ou - 40 g de beurre ?

1 l → .... g

140 l → .... g = ... kg

Phase : ....

....

3. Un maraîcher a recueilli 126 € en vendant des salades à 2 €/ pièce.

Combien de salades a-t-il vendues ?

Calculs : ....

....

Phrase : ....

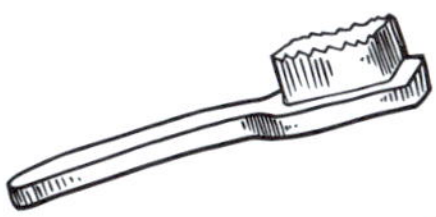

PROBLÈMES
DIVERS

0 g - 100 g	1,30 €
+ 100 g - 350 g	1,25 €
+ 350 g - 1 kg	3,25 €
1 kg - 2 kg	4,55 €

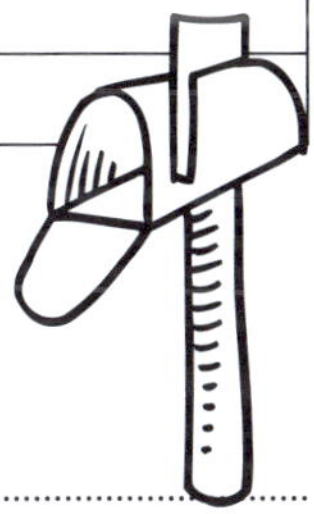

1. Complète.

Pour expédier un livre qui, emballé pèse 788 g, je paierai :

....

Combien de timbres à 0,65 € peut-on acheter si l'on dispose d'un billet de 5 euros ? ....

....

2. Calcule le nombre de crèmes glacées vendues par une épicière pendant une semaine du mois d'août.

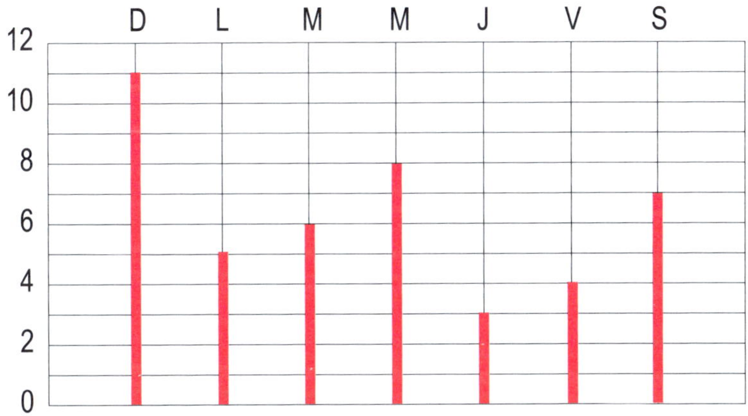

Calculs : ....

....

GÉOMÉTRIE
LES AXES DE SYMÉTRIE

1. Achève le dessin et colorie.

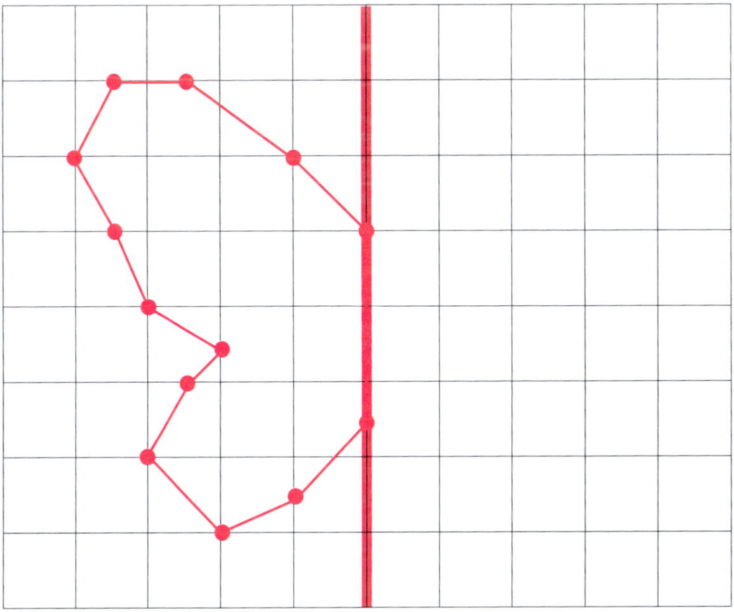

2. Trace les axes de symétrie de ces figures et indique leur nombre.

....

....

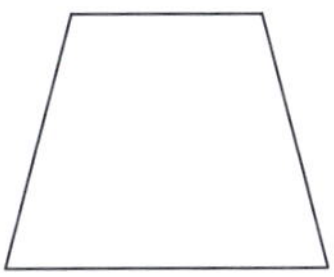

....

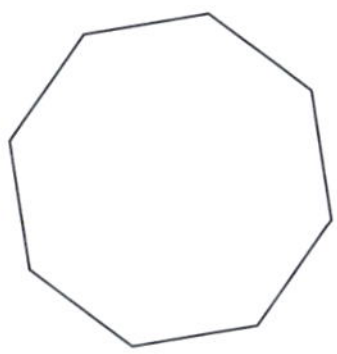

....

GÉOMÉTRIE
LES ANGLES

1. Indique pour chaque angle s'il est obtus, aigu ou droit.

U : ....

R : ....

S : ....

T : ....

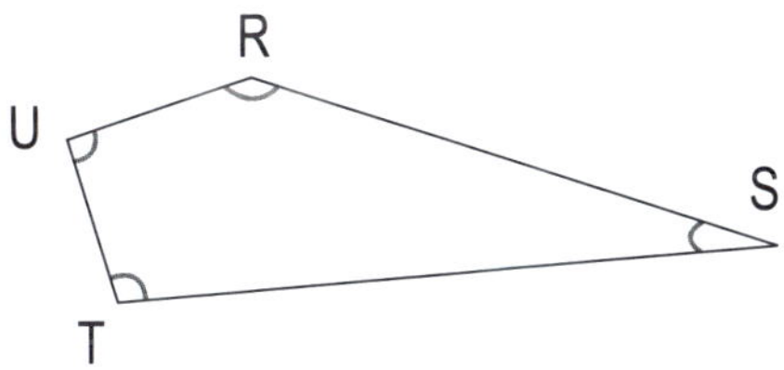

2. Mesure l'amplitude de ces angles.

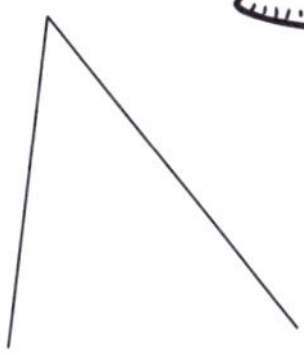

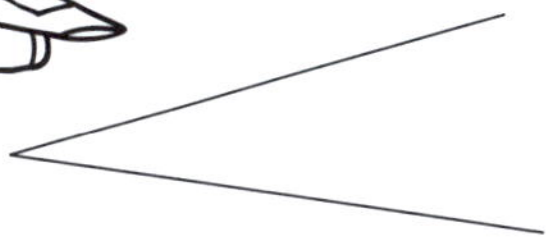

.... degrés .... degrés .... degrés

3. La somme des angles d'un triangle = ...

4. Diminue de moitié l'amplitude de cet angle.

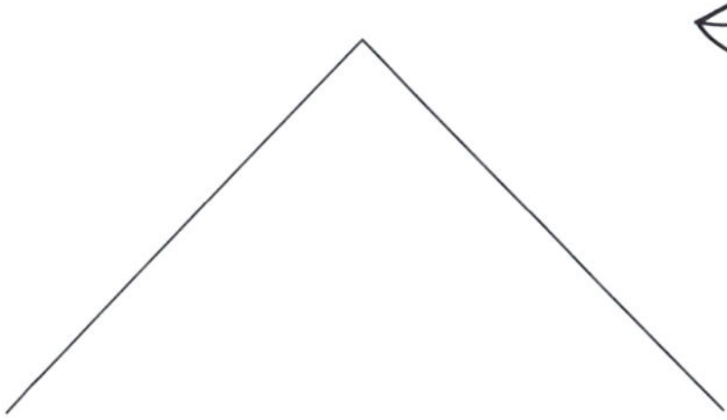

LE QUADRILATÈRE QUELCONQUE

1. Un quadrilatère quelconque n'a ni ....

ni .... ni ....

....

2. Colorie le quadrilatère quelconque.

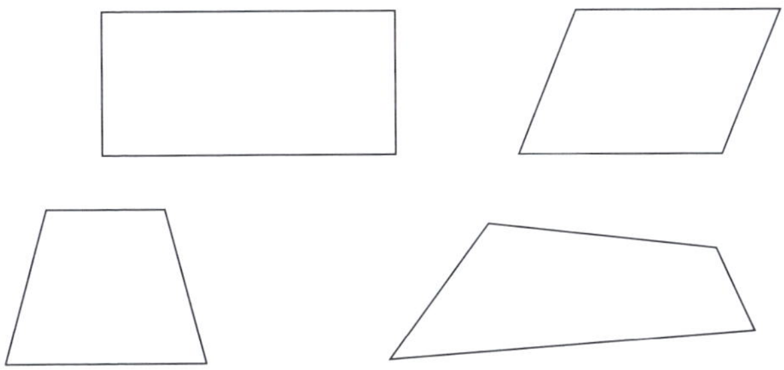

....

3. J'étais un quadrilatère quelconque. On a rendu 2 de mes côtés opposés parallèles. Je suis devenu un..

....

4. Transforme ce trapèze en quadrilatère quelconque en ne déplaçant que le côté (AB).

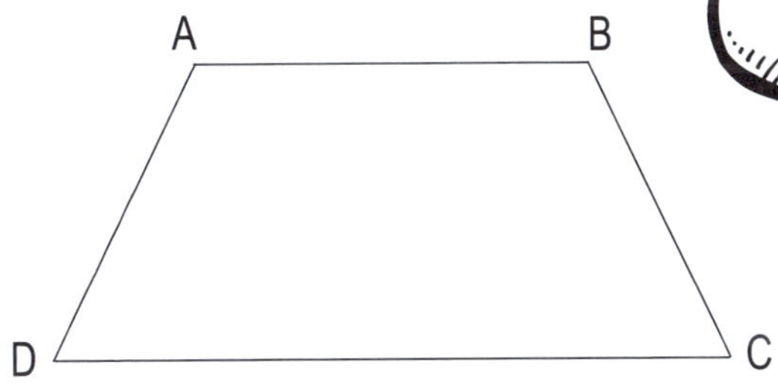

GÉOMÉTRIE
LE TRAPÈZE

1. Le trapèze appartient à la famille des ....

....

2. Comparons le trapèze au parallélogramme.
Fais une croix dans la case si la proposition est vraie.

	quadrilatère	2 côtés opposés //	Côtés opposés // 2 à 2
le trapèze			
le parallélogramme			

....

3. Écris le nom de chaque trapèze.

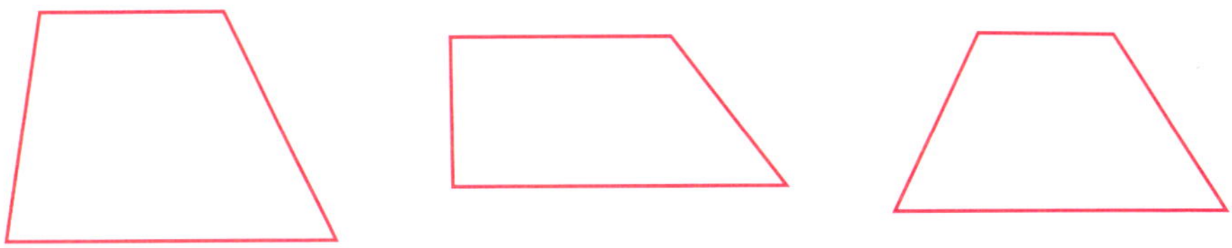

....

....

4. Dessine un trapèze dont la grande base mesurera 5 cm, la petite base 3 cm et la hauteur 2,5 cm.

GÉOMÉTRIE
LE PARALLÉLOGRAMME

1. Le parallélogramme est un trapèze qui a ....

....

2. Voici les diagonales d'un parallélogramme. Dessine-le.

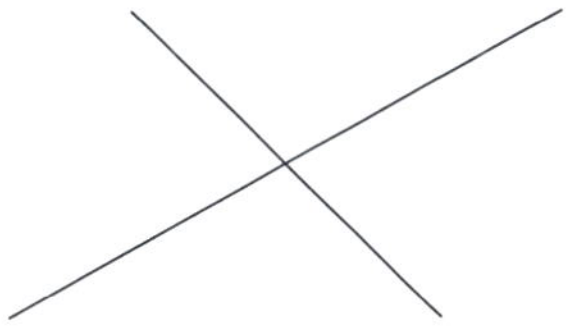

3. Trace un parallélogramme de 3 cm de base et 2 cm de hauteur.

4. Dessine un point dans 2 angles qui ont la même amplitude.

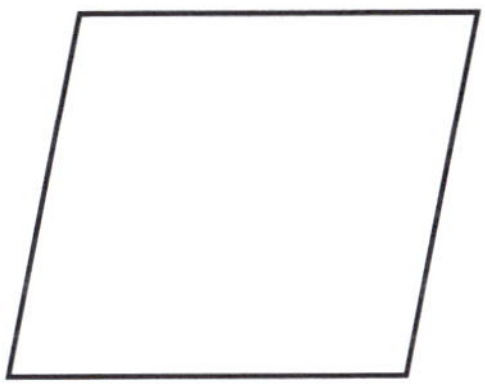

5. Trace une médiane. Qu'obtiens-tu ?

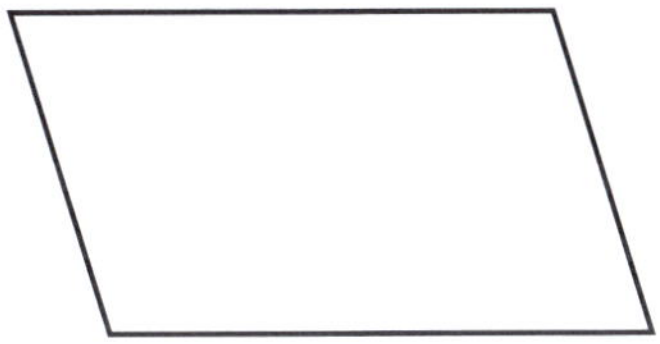

....

7. Indique les côtés de même longueur.

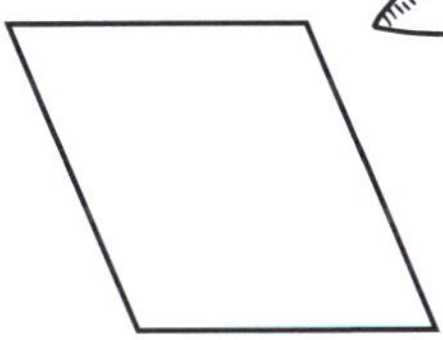

8. Transforme ce parallélogramme en rectangle de même aire.

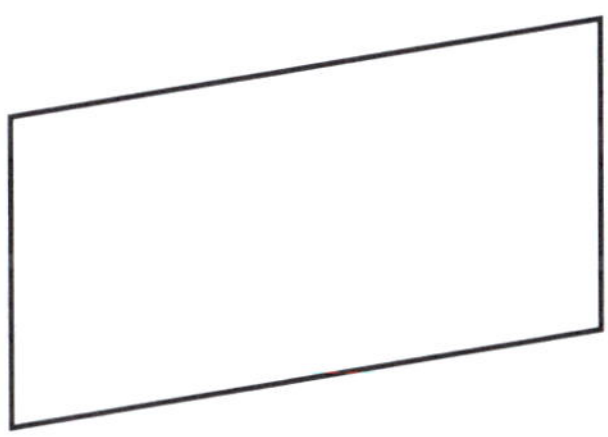

GÉOMÉTRIE
LE LOSANGE

1. Le losange est un parallélogramme qui a ....

....

2. Trace un losange de 4 cm de grande diagonale et 2 cm de petite diagonale.

3. Trace les axes de symétrie de ce losange.

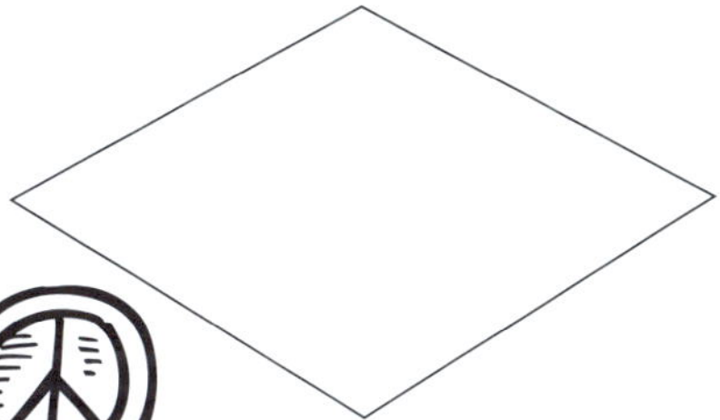

4. Trace une petite diagonale dans ce losange. Qu'obtiens-tu ?

....

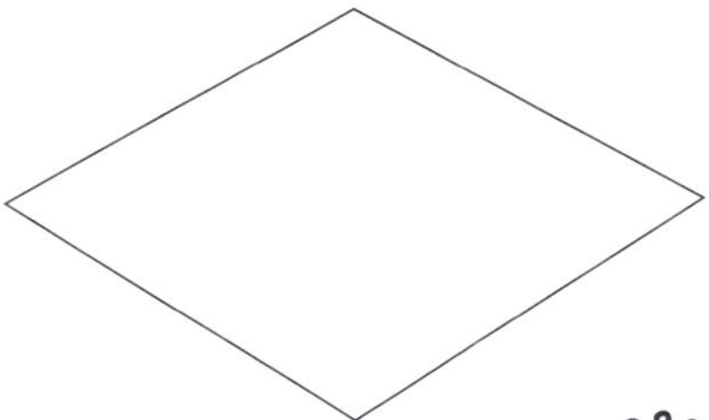

5. Voici la petite diagonale d'un losange de 5 cm de grande diagonale. Trace-le.

6. Les diagonales du losange se coupent à angle droit.

Toujours   Jamais   Parfois

Une médiane du losange le partage en 2 ....
de même aire.

Le carré appartient à la famille des losanges.   Vrai   Faux

Pour tracer facilement un losange, on commence par tracer ses diagonales.

Vrai   Faux

GÉOMÉTRIE
LE RECTANGLE

1. Complète.

Un rectangle est un quadrilatère parce qu'il a ....

Un rectangle est un parallélogramme qui a ....

Un rectangle est un trapèze qui a .... et ....

Un carré est un rectangle. Vrai? Faux?

Un rectangle est un carré. Vrai? Faux?

Les diagonales d'un rectangle se coupent en leur milieu. Vrai? Faux?

Les médianes d'un rectangle sont perpendiculaires entre elles.

Toujours? Jamais? Parfois?

Les médianes du rectangle sont en même temps des axes de symétrie du rectangle. Vrai? Faux?

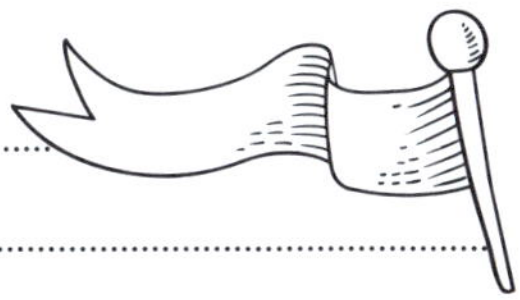

Un rectangle a 4 ....

et 4 ....

2 côtés ....

2 côtés ....

....

2. Parallèle ou perpendiculaire ? Indique ⊥ ou //

AB .... BC	BC .... DC
BC .... AD	AB .... DC
AB .... AD	AD .... DC

GÉOMÉTRIE
LE CARRÉ

1. Le carré appartient à la famille des...

quadrilatères car ....

trapèzes car ....

parallélogrammes car ....

rectangles car ....

losanges car ....

2. Transforme ce rectangle en carré.

3. Les diagonales du carré sont .... entre elles.

Les médianes du carré sont .... entre elles.

4. Compare les aires des carrés ABCD et EFGH.

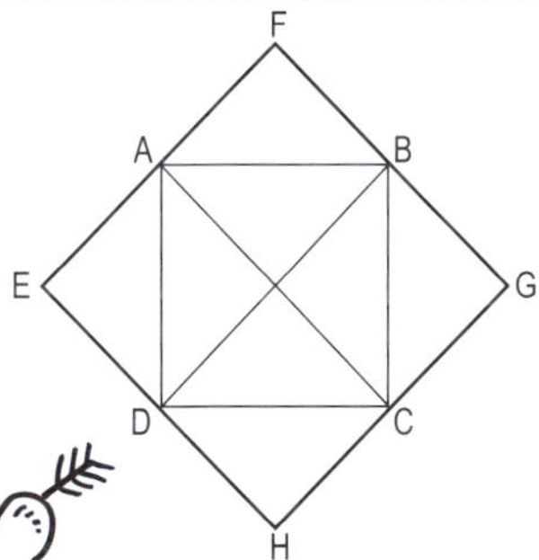

....

....

....

5. Quel point commun ont ces 3 carrés ?

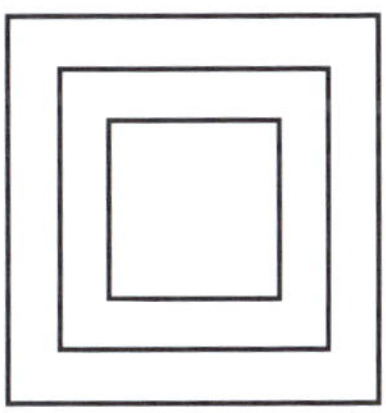

....

....

GÉOMÉTRIE
EXERCICE

1. Observe ces quadrilatères.

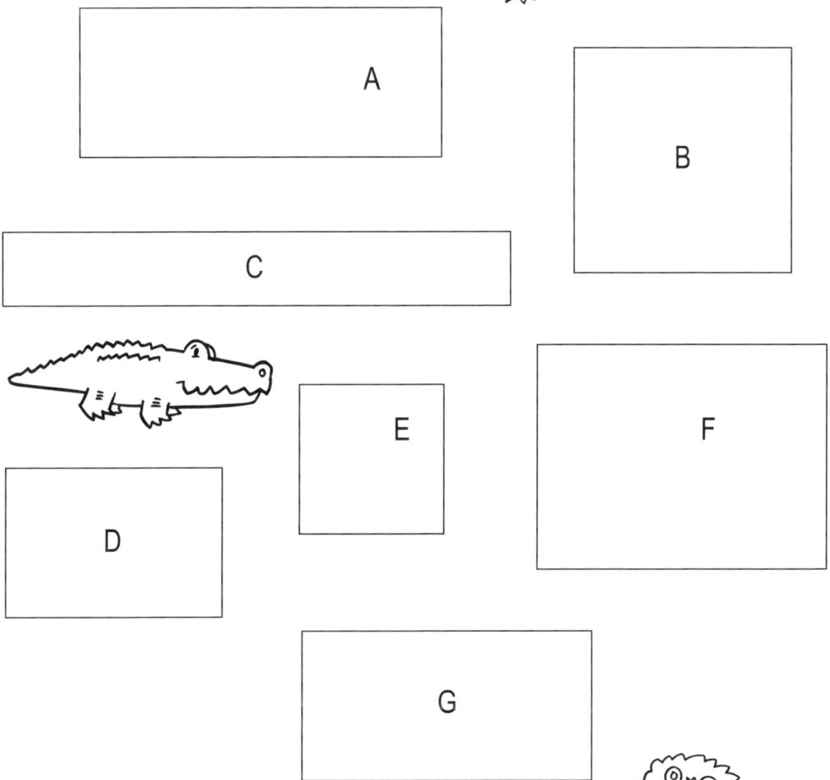

Dans le quadrilatère A,C,D trace les diagonales.

Dans le quadrilatère B, colorie les angles droits.

Dans les quadrilatères E et F, trace les médianes.

Dans le quadrilatère G, colorie les côtés isométriques d'une même couleur.

GRANDEURS & GÉOMÉTRIE

LE 1/2 PÉRIMÈTRE ET LE PÉRIMÈTRE DU CARRÉ ET DU RECTANGLE

1. Remplis le tableau en mesurant les rectangles de la page précédente.

	Longueur	largeur	1/2 périmètre	périmètre
A				
B				
C				
D				
E				
F				
G				

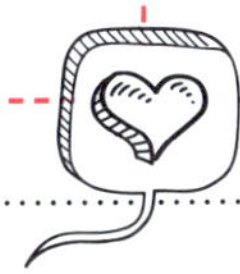

2. Indique les lettres des figures de l'exercice précédent qui sont des carrés ?

3. Quelle est la longueur de la clôture qui entoure un champ rectangulaire de 119 m de L et 84,50 m de l, sachant que la barrière a une largeur de 2m ?

169 m ?   286m ?   322,5 m ?   405 m ?   407 m ?   409 m ?

GRANDEURS & GÉOMÉTRIE
L'AIRE DU CARRÉ ET DU RECTANGLE

1. Calcule l'aire des rectangles suivants.

L	l	AIRE
13 cm	96 cm	
4 dm	32 cm	
36 cm		252cm^2
	31 mm	1 457 mm^2

L	l	AIRE
0,4 m	12 cm	
13 mm	7 mm	
34 cm		646 cm^2
	19 mm	456 mm^2

2. Calcule l'aire des carrés suivants.

côté = 8 m aire = ...

côté = 16 mm aire = ...

côté = 0,9 m aire = ...

côté = 13 cm aire = ...

côté = 14 m aire = ...

côté = ... aire = 100 cm^2

3. Si je double la L et la l d'un rectangle, son aire sera ....

Si je triple la L d'un rectangle, son aire sera ....

4. Un terrain rectangulaire a une aire de 24 m^2.

Quelles peuvent être ses dimensions ?

1

L = ... l = ...

2

L = ... l = ...

3

L = ... l = ...

GÉOMÉTRIE
J'OBSERVE LES TRIANGLES D'APRÈS LES ANGLES

1. Observe l'amplitude des angles de chacun des triangles, ensuite complète le tableau.

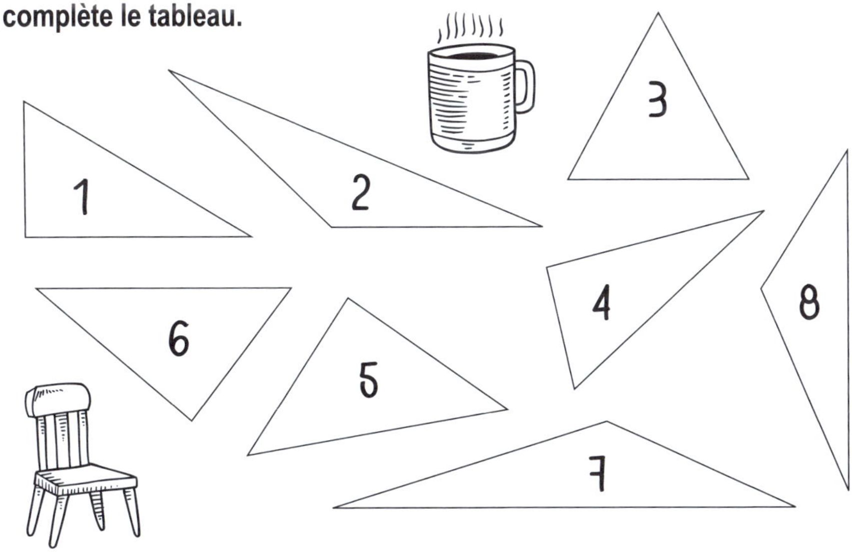

N° DES TRIANGLES	CARACTÉRISTIQUES DES ANGLES
	j'ai un angle droit
	j'ai un angle obtus
	j'ai trois angles aigus

2. Retrouve le nom de chacun des triangles.

	1	2	3	4	5	6	7	8
TRIANGLE RECTANGLE								
TRIANGLE ACUTANGLE								
TRIANGLE OBTUSANGLE								

GÉOMÉTRIE

J'OBSERVE LES TRIANGLES D'APRÈS LES COTÉS

1. Mesure les côtés des triangles, complète ensuite le tableau.

N° DES TRIANGLES	CARACTÉRISTIQUES DES CÔTÉS
	j'ai 3 côtés de longueur différente
	j'ai 2 côtés de même longueur
	j'ai 3 côtés de même longueur

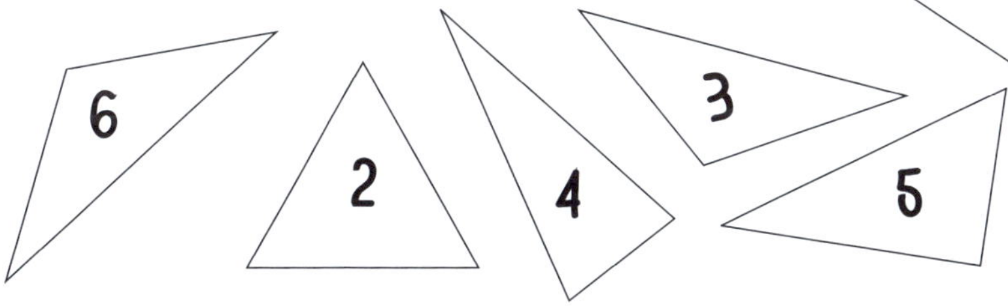

2. Classe les triangles en fonction de leurs angles et de leurs côtés. Écris les numéros des triangles de l'exercice 1.

TRIANGLES	SCALÈNE	ÉQUILATÉRAL	ISOCÈLE
Rectangle			
Acutangle			
Obtusangle			

	NOM EN FONCTION DES ANGLES ET DES CÔTÉS
N°1	
N°2	
N°3	
N°4	
N°5	
N°6	

GÉOMÉTRIE
LES TRIANGLES

1. Carte d'Identité du triangle équilatéral.

V = VRAI F = FAUX

2 côtés de même longueur	
3 côtés de même longueur	
3 côtés de long. diff.	
2 angles de même ampl.	
3 angles de même ampl.	
3 angles d'ampl. diff.	
1 angle droit	

2. Colorie le triangle équilatéral.

Les 3 côtés du triangle équilatéral sont : ....

3. La moitié de ce parallélogramme, est un ....

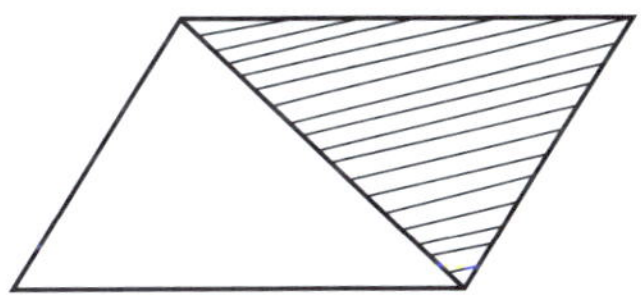

4. En utilisant ton compas et la latte, trace un triangle quelconque dont les côtés mesureront 3 cm, 4 cm et 3,5 cm.

5. Un triangle scalène ne peut pas avoir ....

LE PÉRIMÈTRE ET L'AIRE DU TRIANGLE

1. Calcule le périmètre de chaque triangle.

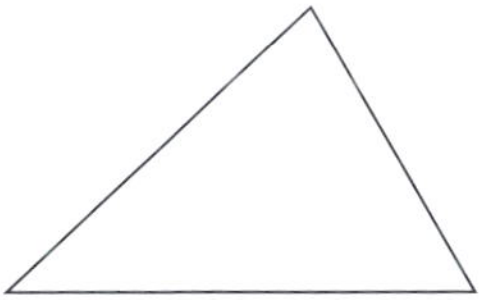

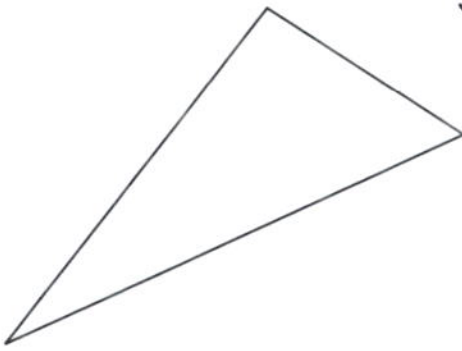

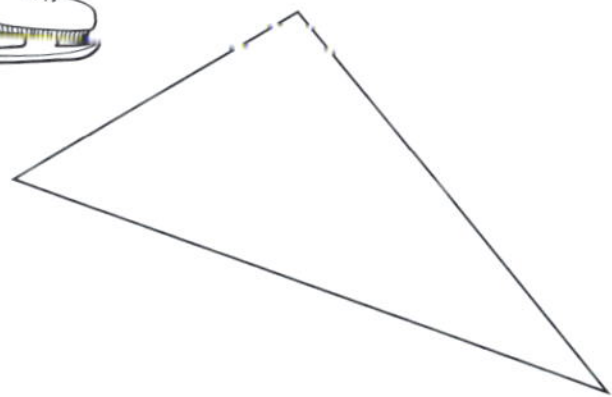

P =.............................cm P =.............................cm P =.............................cm

2. Complète.

1er côté	+	2e côté	+	3e côté	=	périmètre
12 cm		15 cm		34 cm		
22 mm		36 mm		9,5 mm		
		14 dm		21 dm		48 dm
29 cm		11,4 cm				56,6 cm

3. Calcule l'aire de chaque triangle.

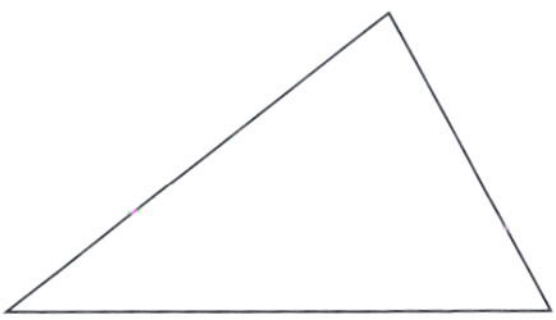

A = ...

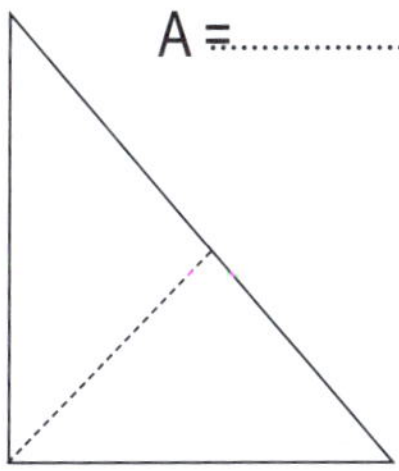

A =..

4. Complète.

BASE	HAUTEUR	AIRE
3 cm	6 cm	
24 mm	23 mm	
	7 cm	$14\ cm^2$

BASE	HAUTEUR	AIRE
21 cm	16 cm	
4 dm	21 cm	
9 dm		$18\ dm^2$

GÉOMÉTRIE
LE CERCLE - LE DISQUE

1. Trace un cercle qui passera par r et s :

2. Retrouve le centre de ce disque.

3. Inscris un cercle à l'intérieur de ce carré.

4. Combien d'axes de symétrie peut-on tracer dans un cercle ?

....

....

5. Calcule le diamètre d'un disque de 13,5 cm de rayon.

....

....

6. Voici le diamètre d'un disque. Trace ce disque.

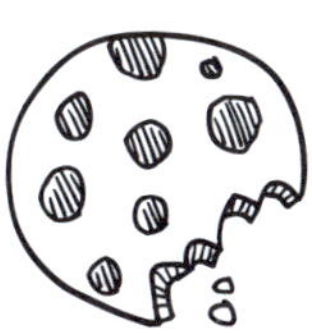

GÉOMÉTRIE
LE CERCLE - LE DISQUE

$\Pi = 3,14$

1. Calcule la longueur du cercle de chaque disque.

Diamètre	Rayon	Cercle
3 cm		
16 cm		
	7,5 cm	
	43 cm	
		12,56 cm

2. De quel type d'angle s'agit-il ?

ABE = ……………………………………………………

ACE = ……………………………………………………

ADE = ……………………………………………………

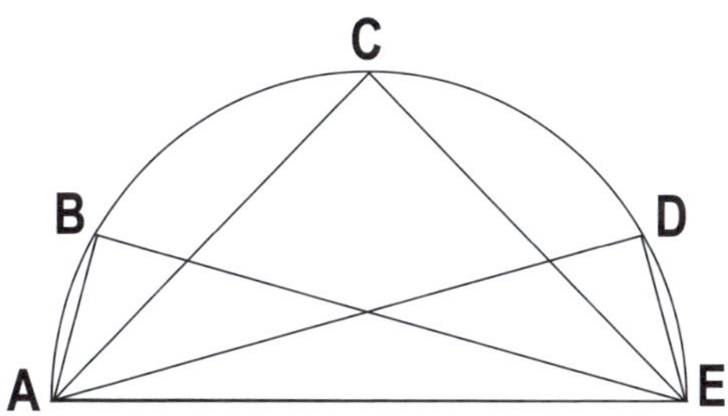

GÉOMÉTRIE
TRANSFORMATION

1. Joins les points E et B.
Comment s'appelle la figure EBCD ? On obtient un ....

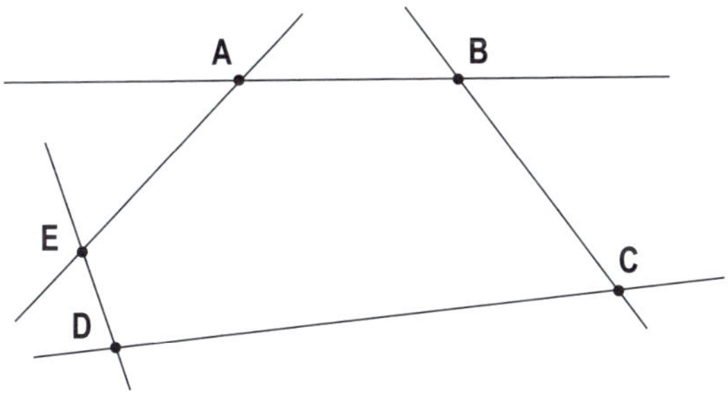

2. On rend EB // à DC.
On obtient un ....

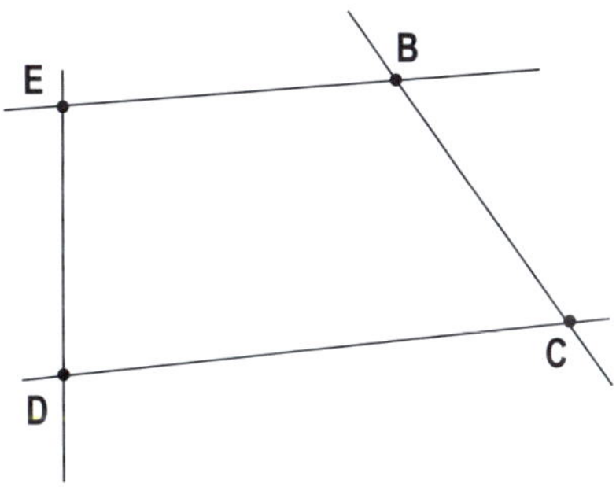

3. On rend ED // à BC.
On obtient un ....

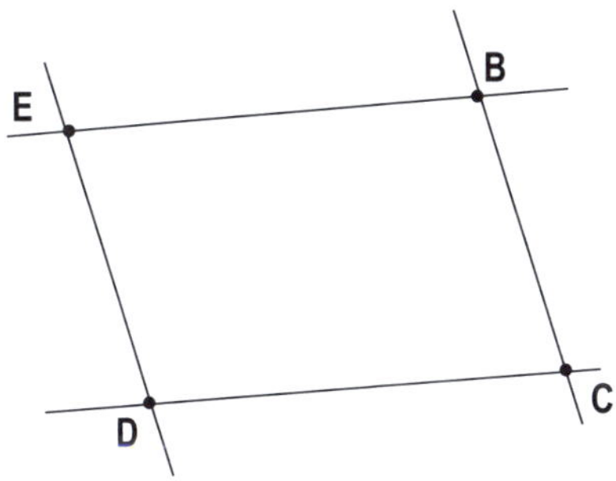

4. On rend les 4 angles droits et on obtient un ....

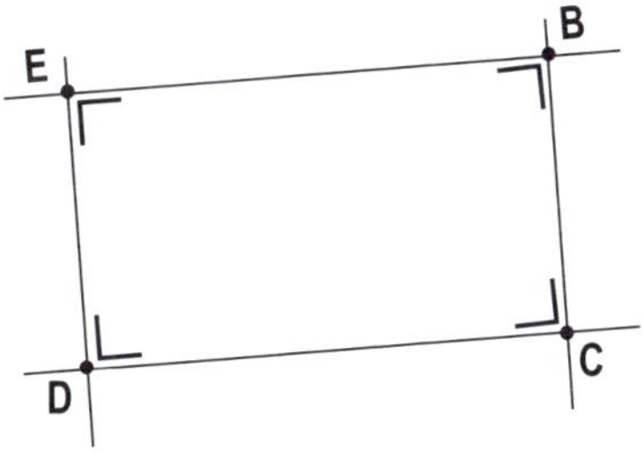

5. On donne aux 4 côtés la même longueur et on obtient un
....

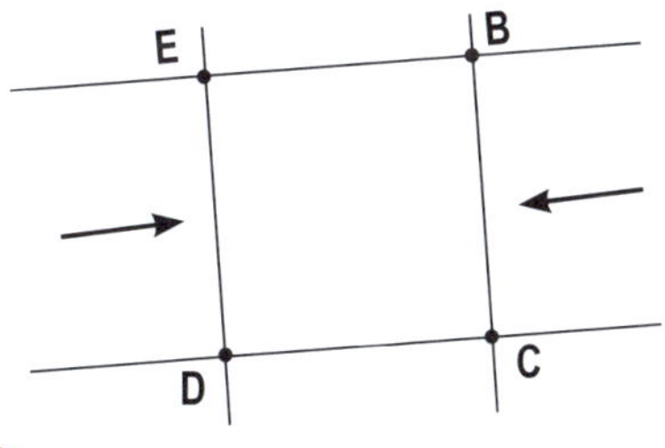

LE CUBE

1. Achève ces cubes.

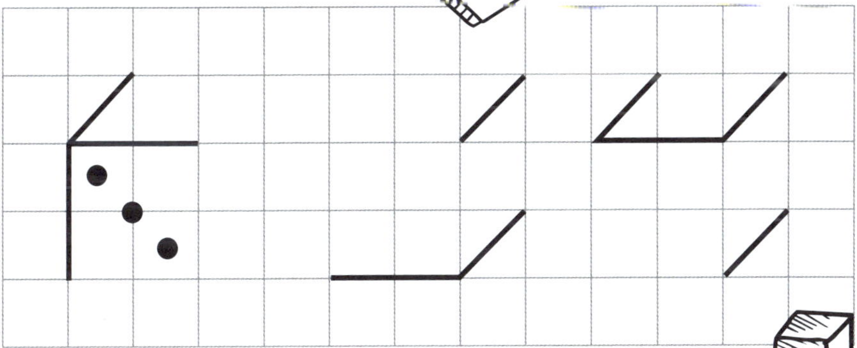

2. Un cube compte .... arêtes et .... faces.

3. Quelle quantité d'eau peut contenir un cube de 10 cm de côté ?

1cl ? **1dl ?** **1dal ?** **1hl ?** **1l ?**

4. Achève le développement de ce cube.

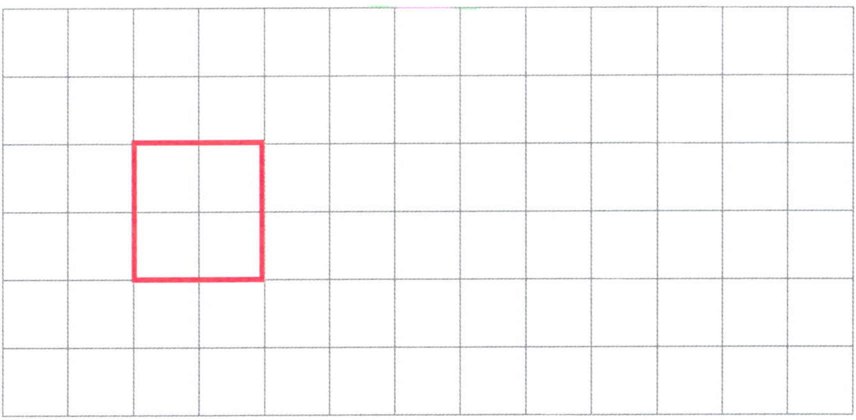

GÉOMÉTRIE
TRANSLATIONS

1. Reproduis une fois chaque figure et colorie.

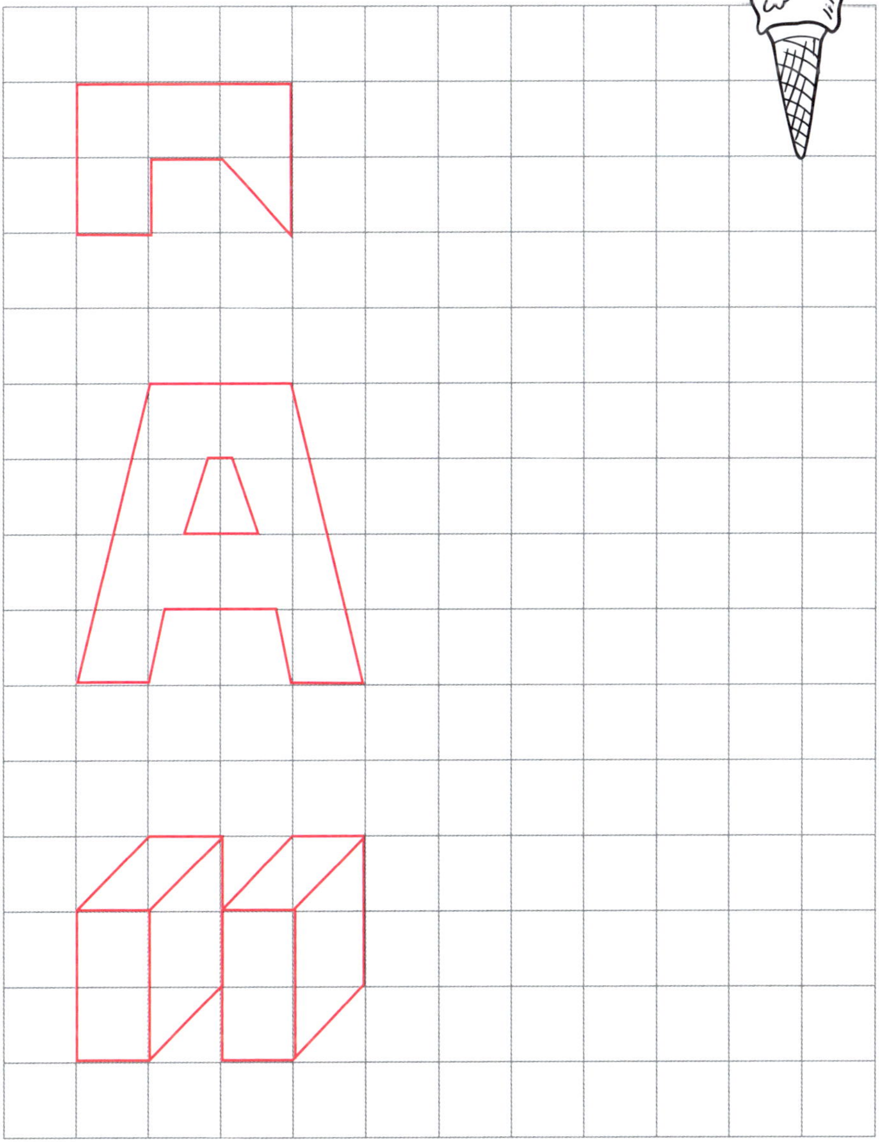

GÉOMÉTRIE
EXERCICES

1. Ces deux quadrilatères, ont un point commun.

Lequel ? ....

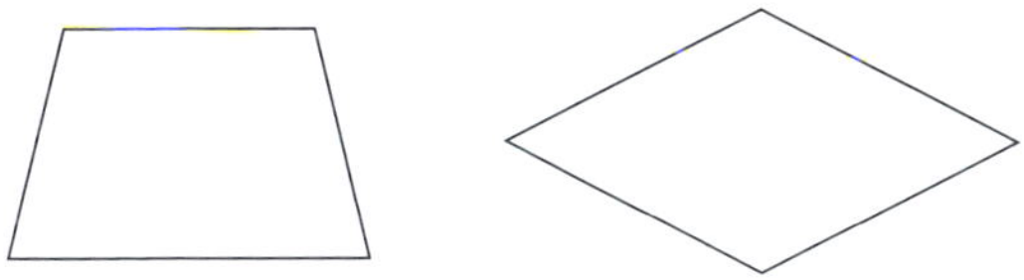

....

2. Calcule l'aire du triangle ABD.

....

....

....

3. Triple l'aire de ce rectangle.

....

4. Dessine les figures à partir de la droite donnée.

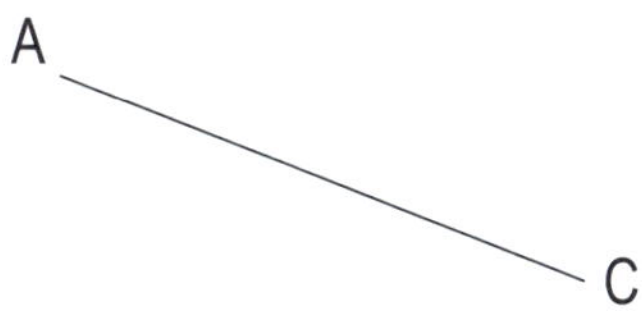

La hauteur d'un triangle isocèle.

La grande diagonale d'un losange.

Le diamètre d'un cercle.

GÉOMÉTRIE
EXERCICES

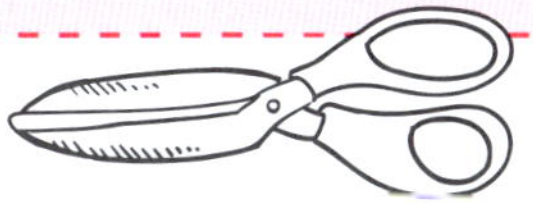

1. Complète.

JE PRENDS UN...	JE LE TRANSFORME EN...	J'OBTIENS UN...
rectangle	donnant à chaque côté la même longueur.	
triangle équilatéral	allongeant un côté.	
triangle obtusangle	rendant un angle droit.	
trapèze	rendant // les 2 côtés qui ne l'étaient pas.	
losange		carré

2. À quels quadrilatères appartiennent ces diagonales ?

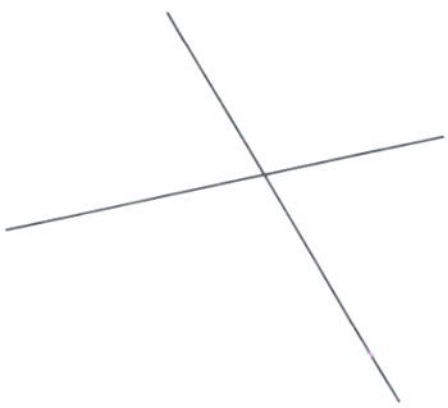

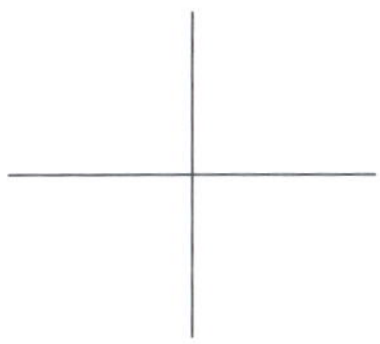

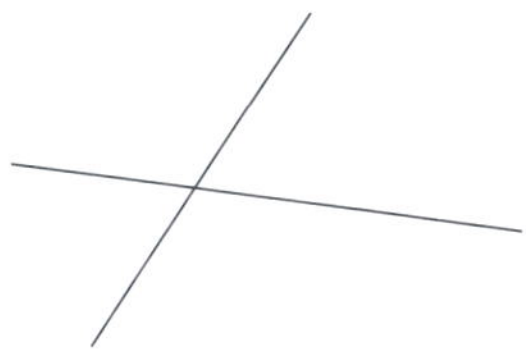

....

3. Dessine le symétrique de chaque figure par rapport à l'axe de symétrie A.

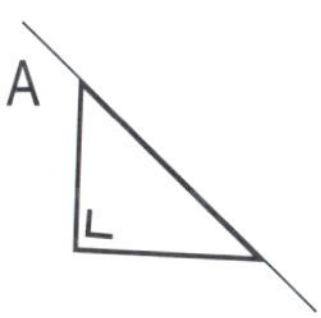

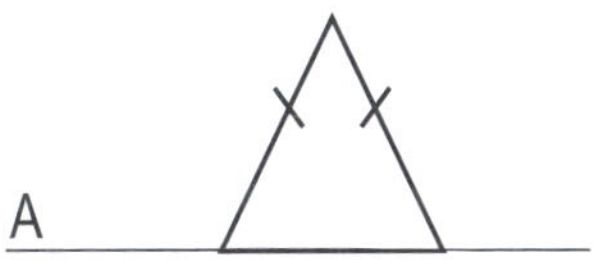

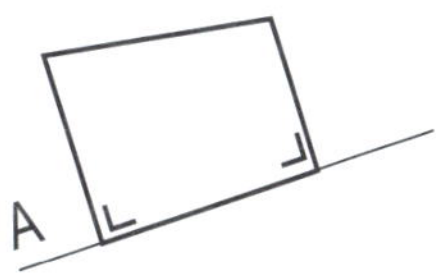

J'obtiens : ....

J'obtiens : ....

J'obtiens : ....

1. Trace un point au centre des carrés B1, F2, G7 et A6.

Joins B1 à F2
F2 à G7
G7 à A6
A6 à B1

Qu'obtiens-tu ? Sois très précis !

....

	A	B	C	D	E	F	G
1							
2							
3							
4							
5							
6							
7							

3. Calcule le périmètre et l'aire de chaque terrain.

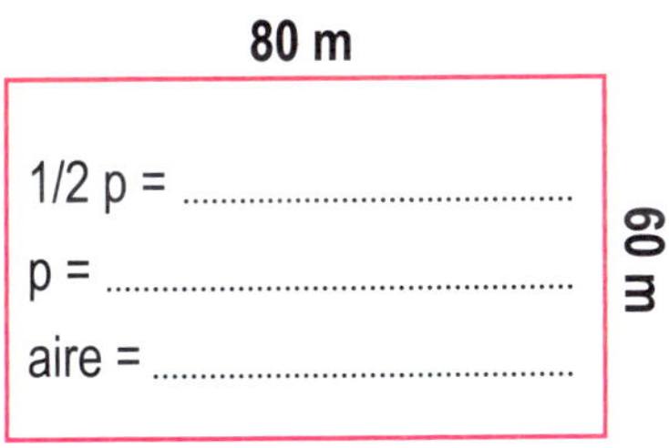

1/2 p = ...
p = ...
aire = ...

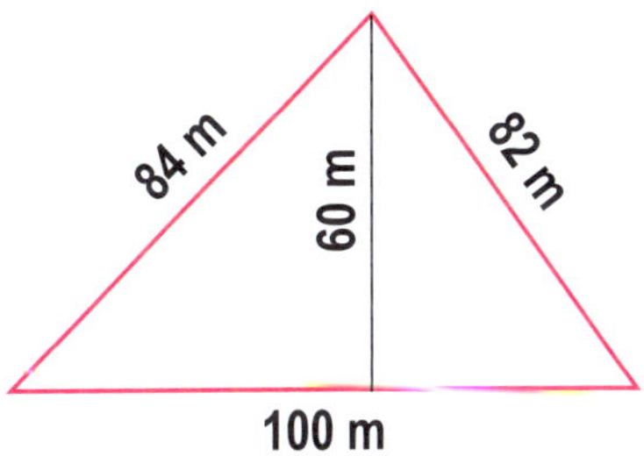

p = ...
aire = ...

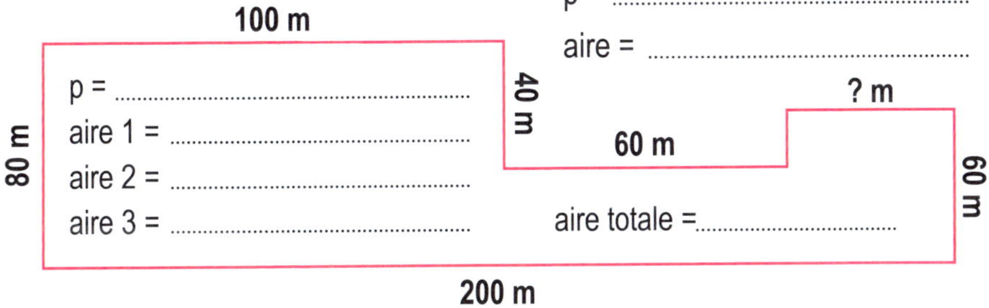

p = ...
aire 1 = ...
aire 2 = ...
aire 3 = ...

aire totale = ...

p = ...

BROUILLON

BROUILLON

BROUILLON

Dépot légal : D/2015/9685/70 - ISBN : 978-2-87546-000-4 - EAN : 9782875460004

Sous la direction d'A.J. Le Clercq.

CORRECTIFS

NUMÉRATION

1. Retrouve les nombres qui manquent.

6444, 6445, 6446, **6447**

3722, 3723, 3724.

5206, 5205, **5204**, 5203

4M+3U — 4M+4U — 4M+5U

2. Écris en lettres.

4122 quatre mille cent vingt - deux

7338 sept mille trois cent trente - huit

88,50 quatre - vingt - huit unités cinquante centièmes

0,125 cent vingt - cinq millièmes

3. Écris en chiffres.

mille six cent dix-huit : 1 618

trois mille cinq : 3 005

4. Complète ces suites de chiffres.

4081	4082	4083	4084	4085	4086	4087	4088	4089
4091	4092	4093	4094	4095	4096	4097	4098	4099
4101	4102	4103	4104	4105	4106	4107	4108	4109
4111	4112	4113	4114	4115	4116	4117	4118	4119
4121	4122	4123	4124	4125	4126	4127	4128	4129

NUMÉRATION
UNITÉS - DIZAINES - CENTAINES - MILLE

1. Décompose en UM, C, D, U.

1056 : 1UM 0C 5D 6U

7851 : 7UM 8C 5D 1U

4765 : 4UM 7C 6D 5U

5680 = 5UM + 6C + 8D + 0U

9456 = 9UM + 4C + 5D + 6U

5302 = 5UM + 3C + 0D + 2U

8743 = 8UM + 7C + 4D + 3U

7555 = 7UM + 5C + 5D + 5U

1084 = 1UM + 0C + 8D + 4U

2. Retrouve les nombres.

7UM + 3C + 4D + 0U = 7 340

5UM + 9C + 8D + 1U = 5 981

8C + 7D + 5UM + 4U = 5 874

7D + 3U + 4UM + 9C = 4 973

6D + 9C + 8UM = 8 960

6C + 4D + 9U + 7UM = 7 649

8U + 7D + 5C = 578

5U + 5UM = 5 005

4D + 4U + 9UM + 5C = 9 544

9C + 2D + 5U + 4UM = 4 925

CORRECTIFS

NUMÉRATION
DIZAINES DE MILLE

1.

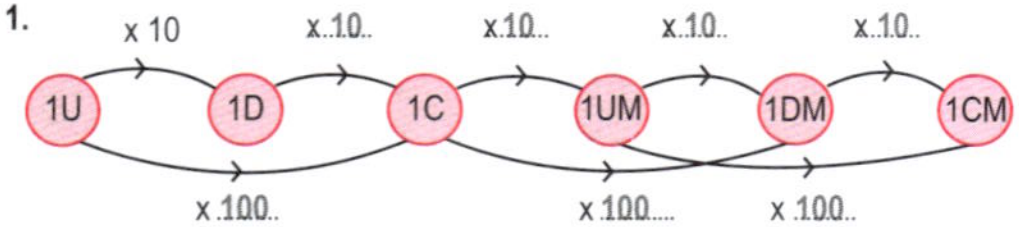

2. Quel est le plus grand nombre entier de 4 chiffres ? 9 999

Quel est le plus petit nombre entier de 4 chiffres différents ? 1 234

3. Complète.

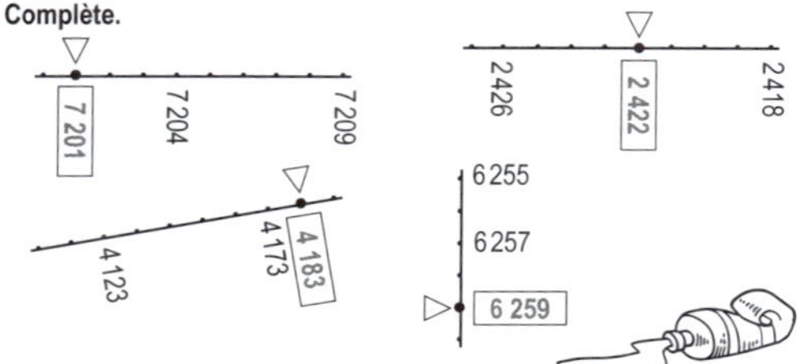

4. Place chaque chiffre dans la colonne qui lui est réservée.

	CM	DM	UM	C	D	U
34 278		3	4	2	7	8
176 234	1	7	6	2	3	4
5 231			5	2	3	1
560 067	5	6	0	0	6	7

NUMÉRATION
DIXIÈMES – CENTIÈMES

1. Retrouve les nombres à virgule manquants.

136,1	136,2	136,3	136,4	136,5	136,6
789,4	789,3	789,2	789,1	789	788,9
13,08	13,09	13,10	13,11	13,12	13,13
4 278,25	4 278,24	4 278,23	4 278,22	4 278,21	4 278,20

2. Écris en chiffres.

treize unités dix-huit centièmes : 13,18

mille trois cent vingt-deux unités six dixièmes : 1 322,6

zéro unité vingt-quatre centièmes : 0,24

3. Écris dans ce tableau.

	UM	C	D	U	d	c
6 038,3	6	0	3	8	3	
2 427,5	2	4	2	7	5	
90,03			9	0	0	3
34,75			3	4	7	5

4. Décompose.

45,6 = 4D + 5U + 6d

138,05 = 1C + 3D + 8U + 5c

626,48 = 6C + 2D + 6U + 4d + 8c

1 605,44 = 1UM + 6C + 5U + 4d + 4c

8 042,25 = 8UM + 4D + 2U + 2d + 5c

733,40 = 7C + 3D + 3U + 4d

416,34 = 4C + 1D + 6U + 3d + 4c

997,88 = 9C + 9D + 7U + 8d + 8c

CORRECTIFS

NOMBRES À VIRGULE
TABLES

1. Effectue.

X	2	4	8	3	6	9	10	5	7
1,5	3	6	12	4,5	9	13,5	15	7,5	10,5
2,5	5	10	20	7,5	15	22,5	25	12,5	17,5
3,5	7	14	28	10,5	21	31,5	35	17,5	24,5
4,5	9	18	36	13,5	27	40,5	45	22,5	31,5
5,5	11	22	44	16,5	33	49,5	55	27,5	38,5
7,5	15	30	60	22,5	45	67,5	75	37,5	52,5
9,5	19	38	76	28,5	57	85,5	95	47,5	66,5

2. Complète.

52,5 ← (x 3) — 17,5 → (x 5) → 87,5

3. Effectue.

1,5 → (x 3) → 4,5 → (x 3) → 13,5

0,5 → (x 7) → 3,5 → (x 5) → 17,5

6,5 → (x 5) → 32,5 → (x 3) → 97,5

8,5 → (x 3) → 25,5 → (x 5) → 127,5

6,5 → (x 3) → 19,5 → (x 2) → 39 → (x 2) → 78

CALCUL MENTAL
ADDITIONS ET SOUSTRACTIONS DE NOMBRES À 1 CHIFFRE APRÈS LA VIRGULE.

Effectue.

1 + 0,4 = 1,4
2 + 0,6 = 2,6
6 + 0,8 = 6,8
7 + 0,9 = 7,9
5 + 0,5 = 5,5

1 − 0,6 = 0,4
3 − 0,8 = 2,2
5 − 0,9 = 4,1
7 − 0,5 = 6,5
8 − 0,3 = 7,7

0,4 + 0,3 = 0,7
0,1 + 0,4 = 0,5
0,7 + 0,2 = 0,9
0,7 + 0,9 = 1,6
0,9 + 0,8 = 1,7

1,5 + 0,8 = 2,3
0,8 + 4,5 = 5,3
3,6 + 1,5 = 5,1
7,6 + 3,4 = 11
4,9 + 7,3 = 12,2

0,7 − 0,6 = 0,1
0,9 − 0,1 = 0,8
0,8 − 0,5 = 0,3
1,6 − 0,8 = 0,8
2,9 − 0,4 = 2,5

3,4 − 2,2 = 1,2
7,5 − 6,2 = 1,3
9,8 − 7,4 = 2,4
10,3 − 7,5 = 2,8
8,6 − 8,3 = 0,3

1 = 0,3 + 0,7
1 = 0,2 + 0,8
3 = 0,5 + 2,5
7 = 0,8 + 6,2
9 = 0,7 + 8,3

7 = 5,3 + 1,7
8 = 3,2 + 4,8
11 = 6,4 + 4,6
17 = 15,2 + 1,8
34 = 23,1 + 10,9

1 = 1,2 − 0,2
2 = 3,7 − 1,7
5 = 6,1 − 1,1
3 = 5,5 − 2,5
4 = 5,8 − 1,8

4,5 + 4,5 = 9
3,6 + 6,4 = 10
8,4 + 11,6 = 20
7,6 − 2,6 = 5
8,5 − 2,5 = 6

8,4 − 3,4 = 5
9,6 − 5,6 = 4
6,6 − 4,6 = 2
13,1 − 2,1 = 11
7,7 − 6,7 = 1

10,5 − 5,5 = 5
12,5 − 5,5 = 7
12,3 − 4,3 = 8
25,9 − 15,9 = 10
44,2 − 24,2 = 20

CORRECTIFS

CALCUL MENTAL
MULTIPLICATIONS ET DIVISIONS DE NOMBRES À 1 CHIFFRE APRÈS LA VIRGULE.

Effectue.

0,5 x 3 = 1,5	1,6 x 2 = 3,2
0,4 x 5 = 2	2,4 x 3 = 7,2
0,7 x 6 = 4,2	3,5 x 5 = 17,5
0,8 x 5 = 4	5,6 x 3 = 16,8
0,1 x 9 = 0,9	2,2 x 7 = 15,4

0,8 : 2 = 0,4	1,2 : 4 = 0,3
0,4 : 4 = 0,1	3,6 : 6 = 0,6
0,5 : 5 = 0,1	2,4 : 8 = 0,3
0,9 : 3 = 0,3	5,6 : 7 = 0,8
0,6 : 3 = 0,2	8,1 : 9 = 0,9

0,2 x 4 = 0,8	5,6 : 2 = 2,8
0,5 x 7 = 3,5	9 : 2 = 4,5
0,8 x 10 = 8	22,5 : 3 = 7,5
1,6 x 4 = 6,4	14 : 4 = 3,5
4,5 x 8 = 36	4 : 8 = 0,5

CALCUL MENTAL
ADDITIONS ET SOUSTRACTIONS DE NOMBRES À 2 CHIFFRES APRÈS LA VIRGULE.

Effectue.

1 + 0,04 = 1,04	1 − 0,07 = 0,93	0,05 + 0,03 = 0,08
2 + 0,05 = 2,05	3 − 0,03 = 2,97	0,04 + 0,05 = 0,09
3 + 0,08 = 3,08	5 − 0,08 = 4,92	0,05 + 0,08 = 0,13
5 + 0,05 = 5,05	7 − 0,02 = 6,98	0,07 + 0,07 = 0,14
7 + 0,01 = 7,01	8 − 0,09 = 7,91	0,09 + 0,05 = 0,14

3,04 + 0,02 = 3,06	0,08 − 0,03 = 0,05	4,04 − 2,02 = 2,02
6,05 + 0,01 = 6,06	0,08 − 0,02 = 0,06	6,08 − 4,01 = 2,07
7,03 + 4,02 = 11,05	1,07 − 0,02 = 1,05	7,08 − 5,02 = 2,06
8,05 + 5,03 = 13,08	4,09 − 0,04 = 4,05	9,06 − 5,04 = 4,02
4,04 + 1,02 = 5,06	5,01 − 0,02 = 4,99	8,06 − 7,05 = 1,01

3 = 2,02 + 0,98	5 = 2,07 + 2,93	1 = 1,02 − 0,02
5 = 4,01 + 0,99	8 = 3,06 + 4,94	3 = 5,03 − 2,03
9 = 6,04 + 2,96	7 = 4,03 + 2,97	1 = 4,03 − 3,03
7 = 5,04 + 1,96	9 = 8,08 + 0,92	4 = 9,07 − 5,07
8 = 4,02 + 3,98	10 = 4,06 + 5,94	2 = 8,04 − 6,04

CORRECTIFS

CALCUL MENTAL
ADDITIONS ET SOUSTRACTIONS DE NOMBRES À 2 CHIFFRES APRÈS LA VIRGULE.

Effectue.

1 + 0,45 = 1,45	1 − 0,53 = 0,47	0,45 + 0,45 = 0,9
2 + 0,22 = 2,22	2 − 0,46 = 1,54	0,34 + 0,34 = 0,68
5 + 0,45 = 5,45	7 − 0,38 = 6,62	0,49 + 0,45 = 0,94
8 + 0,34 = 8,34	8 − 0,42 = 7,58	0,22 + 0,36 = 0,58
9 + 0,25 = 9,25	18 − 0,45 = 17,55	0,54 + 0,46 = 1
1,55 + 0,42 = 1,97	0,56 − 0,21 = 0,35	5,55 − 3,28 = 2,27
0,59 + 4,42 = 5,01	0,33 − 0,11 = 0,22	7,45 − 2,28 = 5,17
3,46 + 2,15 = 5,61	0,36 − 0,17 = 0,19	6,81 − 2,40 = 4,41
7,21 + 2,11 = 9,32	0,59 − 0,28 = 0,31	7,56 − 6,34 = 1,22
6,28 + 4,49 = 10,77	0,34 − 0,32 = 0,02	9,46 − 5,24 = 4,22
1 = 0,17 + 0,83	5 = 3,54 + 1,46	1 = 1,28 − 0,28
1 = 0,31 + 0,69	6 = 2,44 + 3,56	1 = 3,36 − 2,36
2 = 0,59 + 1,41	3 = 2,28 + 0,72	7 = 8,81 − 1,81
3 = 0,60 + 2,40	4 = 3,36 + 0,64	3 = 5,23 − 2,23
3 = 0,77 + 2,23	9 = 7,19 + 1,81	9 = 11,14 − 2,14

CALCUL MENTAL
MULTIPLICATIONS ET DIVISIONS DE NOMBRES À 2 CHIFFRES APRÈS LA VIRGULE.

Effectue.

0,03 x 3 = 0,09	3,05 x 2 = 6,10
0,05 x 3 = 0,15	4,07 x 3 = 12,21
0,07 x 4 = 0,28	5,02 x 9 = 45,18
0,09 x 6 = 0,54	6,03 x 4 = 24,12
0,06 x 5 = 0,30	7,01 x 8 = 56,08
0,08 : 2 = 0,04	6,09 : 3 = 2,03
0,09 : 3 = 0,03	5,05 : 5 = 1,01
0,08 : 4 = 0,02	10,02 : 2 = 5,01
0,05 : 5 = 0,01	12,03 : 3 = 4,01
0,04 : 2 = 0,02	16,08 : 8 = 2,01
0,03 x 3 = 0,09	0,06 : 3 = 0,02
0,01 x 5 = 0,05	0,08 : 4 = 0,02
0,02 x 4 = 0,08	2,04 : 2 = 1,02
0,02 x 6 = 0,12	6,09 : 3 = 2,03
0,07 x 7 = 0,49	10,05 : 5 = 2,01

CORRECTIFS

CALCUL MENTAL
MULTIPLICATIONS ET DIVISIONS DE NOMBRES À 2 CHIFFRES APRÈS LA VIRGULE.

1. Effectue.

0,44 x 3 = 1,32
0,35 x 3 = 1,05
0,26 x 4 = 1,04
0,41 x 5 = 2,05
0,11 x 7 = 0,77

3,23 x 3 = 9,69
4,26 x 2 = 8,52
5,11 x 9 = 45,99
8,33 x 2 = 16,66
4,17 x 5 = 20,85

0,45 : 3 = 0,15
0,39 : 3 = 0,13
0,54 : 9 = 0,06
0,18 : 3 = 0,06
0,49 : 7 = 0,07

1,44 : 2 = 0,72
2,56 : 2 = 1,28
4,80 : 4 = 1,20
3,63 : 3 = 1,21
15,25 : 5 = 3,05

0,32 x 3 = 0,96
0,11 x 5 = 0,55
0,48 x 2 = 0,96
2,15 x 3 = 6,45
1,10 x 5 = 5,50

4,48 : 4 = 1,12
3,75 : 3 = 1,25
4,44 : 4 = 1,11
6,36 : 6 = 1,06
9,18 : 9 = 1,02

CALCUL MENTAL
X 10

QUAND ON MULTIPLIE UN NOMBRE PAR 10, LE NOMBRE SE DÉPLACE D'UN RANG VERS LA GAUCHE DU TABLEAU.

	UM	C	D	U	d
		1	6	6,	5
	1	6	6	5	

x 10

Effectue

10 x 77 = 770
10 x 136 = 1 360
10 x 144 = 1 440
10 x 1 246 = 12 460
10 x 1 534 = 15 340

28 x 10 = 280
59 x 10 = 590
145 x 10 = 1 450
521 x 10 = 5 210
1 028 x 10 = 10 280

47,50 x 10 = 475
22,25 x 10 = 222,5
136,40 x 10 = 1 364
249,55 x 10 = 2 495,5
10 x 134,5 = 1 345
10 x 0,5 = 5

10 x 0,35 = 3,5
10 x 14,25 = 142,5
10 x 536,50 = 5 365
10 x 1 585,90 = 15 859
10 x 0,01 = 0,1
10 x 50 = 500

0,5 → (x 10) → 5 → (x 10) → 50 → (x 10) → 500
5 → (x 100) → 500

CORRECTIFS

CALCUL MENTAL
: 10

QUAND ON DIVISE UN NOMBRE PAR 10, LE NOMBRE SE DÉPLACE D'UN RANG VERS LA DROITE DU TABLEAU.

UM	C	D	U	d	c
1	0	3	5		
	1	0	3	5	

: 10

1. C'est facile quand ça se termine par 0 :

120 : 10 = 12
660 : 10 = 66
1 240 : 10 = 124
5 280 : 10 = 528
33 490 : 10 = 3 349
156 270 : 10 = 15 627

2. Effectue

575 : 10 = 57,5
688 : 10 = 68,8
199 : 10 = 19,9
458 : 10 = 45,8
768 : 10 = 76,8
134,5 : 10 = 13,45
487,5 : 10 = 48,75
149,8 : 10 = 14,98
555,7 : 10 = 55,57
21,69 : 10 = 2,169
1 267,4 : 10 = 126,74
78,25 : 10 = 7,825
0,45 : 10 = 0,045
0,1 : 10 = 0,01
0,01 : 10 = 0,001

1/10 de 630,5 = 63,05
1/10 de 0,5 = 0,05
1/10 de 19,8 = 1,98
1/10 de 500,4 = 50,04
1/10 de 8 = 0,8

1345 —: 10→ 134,5 —: 10→ 13,45 —x 100→ 1345

3,5 —: 10→ 0,35

CALCUL MENTAL
X 100

QUAND ON MULTIPLIE UN NOMBRE PAR 100, LE NOMBRE SE DÉPLACE DE DEUX RANGS VERS LA GAUCHE DU TABLEAU.

DM	UM	C	D	U	d	c
		7	4	8	7	5
7	4	8	7	5		

x 100

Effectue.

100 x 17 = 1 700
100 x 39 = 3 900
100 x 16 = 1 600
100 x 54 = 5 400
28 x 100 = 2 800
55 x 100 = 5 500
74 x 100 = 7 400
39 x 100 = 3 900

	x 100
48	4 800
96	9 600
82	8 200

47,50 x 100 = 4 750
62,8 x 100 = 6 280
88,15 x 100 = 8 815
119,6 x 100 = 11 960
381,95 x 100 = 38 195
456 x 100 = 45 600
733,25 x 100 = 73 325
136,25 x 100 = 13 625
259,7 x 100 = 25 970
658,8 x 100 = 65 880
100 x 39,35 = 3 935
100 x 3 428,25 = 342 825
100 x 2 248,40 = 224 840
100 x 77,41 = 7 741

CORRECTIFS

CALCUL MENTAL
: 100

QUAND ON DIVISE UN NOMBRE PAR 100, LE NOMBRE SE DÉPLACE DE DEUX RANGS VERS LA DROITE DU TABLEAU.

DM	UM	C	D	U	d	c
3	5	0	4	5		
		3	5	0,	4	5

: 100

7 500 : 100 = 75
645 : 100 = 6,45
15 645 : 100 = 156,45
2 256 : 100 = 22,56
5 468 : 100 = 54,68
4 450 : 100 = 44,5

538 : 100 = 5,38
275 : 100 = 2,75
1 248 : 100 = 12,48
455,1 : 100 = 4,551
69,5 : 100 = 0,695
4 567 : 100 = 45,67

6,5 → : 10 → 0,65 → : 10 → 0,065

1 256 : 100 = 12,56
4 780 : 100 = 47,8
1 200 : 100= 12
45,8 : 100 = 0,458

$\frac{1}{100}$ de 34 = 0,34
$\frac{1}{100}$ de 46,5 = 0,465
$\frac{1}{100}$ de 7 789 = 77,89

U → : 10 → d → : 10 → c ; U → : 100 → c

8 → : 10 → 0,8 → : 10 → 0,08 ; 8 → : 100 → 0,08

CALCUL MENTAL
X 5 = (X 10 : 2) = (: 2 X 10)

1. Complète.

2 → x 10 → 20 → : 2 → 10 ; 2 → x 5 → 10

64 → x 10 → 640 → : 2 → 320 ; 64 → x 5 → 320

12,4 → x 10 → 124 → : 2 → 62
76 → x 10 → 760 → : 2 → 380
13 → x 10 → 130 → : 2 → 65
49 → x 10 → 490 → : 2 → 245

2. Effectue.

5 x 13 = (130 : 2) = 65
5 x 65 = (650 : 2) = 325
5 x 25,5 = (255 : 2) = 127,5
5 x 65,5 = (655 : 2) = 327,5
5 x 112 = (1 120 : 2) = 560
78 x 5 = (780 : 2) = 390
70,6 x 5 = (706 : 2) = 353
116 x 5 = (1 160 : 2) = 580

	x 10	x 5
48	480	240
216	2 160	1 080
34,2	342	171
571	5 710	2 855

CORRECTIFS

CALCUL MENTAL
: 5 = (: 10 x 2) = (x 2 : 10)

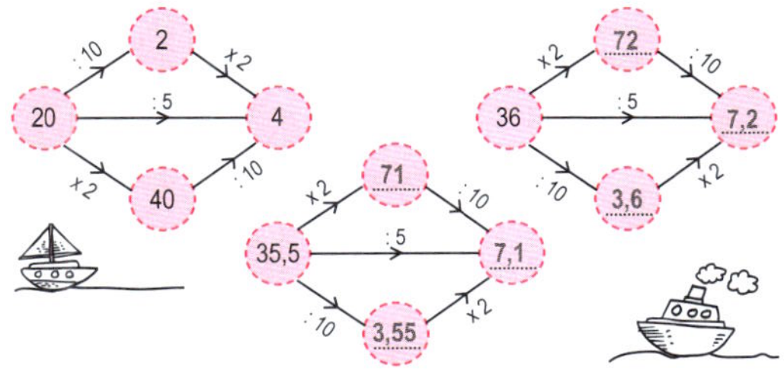

1. Trouve la réponse de 2 manières différentes.

125 : 5 = (125 x 2) : 10 = 25 (250) — ou (125 : 10) x 2 = 25 (12,5)

675 : 5 = (675 x 2) : 10 = 135 (1350) — ou (675 : 10) x 2 = 135 (67,5)

57,5 : 5 = (57,5 x 2) : 10 = 11,5 (115) — ou (57,5 : 10) x 2 = 11,5 (5,75)

2. Effectue.

355 : 5 = 71

158 : 5 = 31,6

45,5 : 5 = 9,1

39 : 5 = 7,8

1/5 de 95 = 19

1/5 de 600 = 120

1/5 de 12,5 = 2,5

1/5 de 17 = 3,4

	x 2	: 10
155	310	31
67,5	135	13,5
1,5	3	0,3

CALCUL MENTAL
x 50 = (x 100 : 2) = (: 2 x 100)

1. Invente un autre chemin.

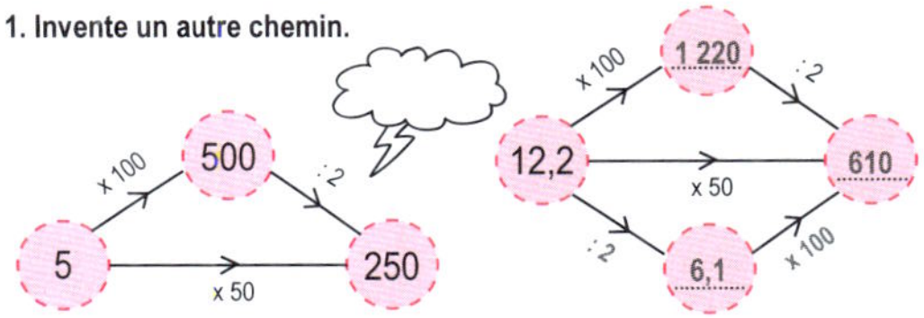

2. Complète.

	x 100	x 50
36	3 600	1 800
0,5	50	25
0,15	15	7,5
19,5	1 950	975

	x 100	x 50
0,56	56	28
1,08	108	54
16,5	1 650	825
0,96	96	48

	x 100	x 50
34	3 400	1 700
76	7 600	3 800
91	9 100	4 550
0,8	80	40

(: 2 entre les colonnes x 100 et x 50)

34 x 50 = (3 400 : 2) = 1 700

66 x 50 = (6 600 : 2) = 3 300

0,40 x 50 = (40 : 2) = 20

0,55 x 50 = (55 : 2) = 27,5

50 x 19 = (1 900 : 2) = 950

50 x 36 = (3 600 : 2) = 1 800

50 x 0,16 = (16 : 2) = 8

50 x 6,80 = (680 : 2) = 340

On a mesuré la longueur d'un mur en portant 73 fois une latte de 50 cm.
Quelle est la longueur de ce mur ? ...3 650..... cm ou ....36,5...... m .

CORRECTIFS

CALCUL MENTAL
X 25 = (X 100 : 4) = (: 4 X 100)

0,4 —x 100→ 40 —: 4→ 10 ; 0,4 —x 25→ 10

12 —: 4→ 3 —x 100→ 300 ; 12 —x 25→ 300

1. Effectue.

36 x 25 =(3600 : 4) = 900

46 x 25 = (4 600 : 4) = 1 150

16,50 x 25 = (1 650 : 4) = 412,5

0,8 x 25 = (80 : 4) = 20

432 x 25 = (43 200 : 4) = 10 800

	x 25
112	2 800
48,5	1 212,5
11,5	287, 5
68	1 700
37	925

2. Complète.

Pour 25 chocolats à 0,95 €, je payerai **23,75 €**

Un cahier pèse 75 g. Une pile de 25 cahiers pèse **1 875 g**

On a versé 19 bouteilles contenant 25 cl d'eau dans un seau vide.

Maintenant, le seau contient **475** cl d'eau.

CALCUL MENTAL
: 25 = (: 100 X 4) = (X 4 : 100)

100 —x 4→ 400 —: 100→ 4 ; 100 —: 25→ 4

150 —x 4→ 600 —: 100→ 6 ; 150 —: 25→ 6

500 —: 100→ 5 —x 4→ 20 ; 500 —: 25→ 20

Effectue

: 100

	x 4	: 25
125	500	5
300	1 200	12
350	1 400	14
375	1 500	15
400	1 600	16
1 250	5 000	50

125 : 25 = (125 x 4) : 100 = 5

250 : 25 = (250 x 4) : 100 = 10

475 : 25 = (475 x 4) : 100 = 19

1 200 : 25 = (1200 x 4) : 100 = 48

425 : 25 = (425 x 4) : 100 = 17

$\frac{1}{25}$ de 275 = 11

$\frac{1}{25}$ de 800 = 32

$\frac{1}{25}$ de 650 = 26

$\frac{1}{25}$ de 75 = 3

$\frac{1}{25}$ de 200 = 8

$\frac{1}{25}$ de 80 = 3,2

CORRECTIFS

CALCUL MENTAL
X 15 = (X 10) + (X5)

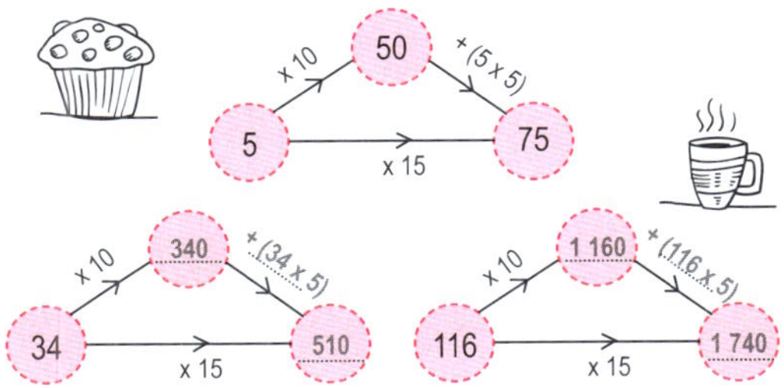

Effectue.

16 x 15 = (160 + 80) = 240
32 x 15 = (320 + 160) = 480
24 x 15 = (240 + 120) = 360
61 x 15 = (610 + 305) = 915
124 x 15 = (1 240 + 620) = 1 860

15 x 44,5 = (445 + 222,5) = 667,5
15 x 0,5 = (5 + 2,5) = 7,5
15 x 15,5 = (155 + 77,5) = 232,5
15 x 2,5 = (25 + 12,5) = 37,5
15 x 12,5 = (125 + 62,5) = 187,5

	x 10	$\frac{1}{2}$ de x 10
128	1 280	640
67	670	335
34	340	170
71	710	355

Pour 15 choux blancs à 55 centimes l'un,
je paie : 15 x 55 = (550 + 275) = 825
Je paie 825 centimes ou 8,25 €
Pour 12 stylos à bille à 15 centimes l'un,
je paie : 12 x 15 = (120 + 60) = 180
Je paie 180 centimes ou 1,8 €

CALCUL MENTAL
X 20 = (X 10 X2)

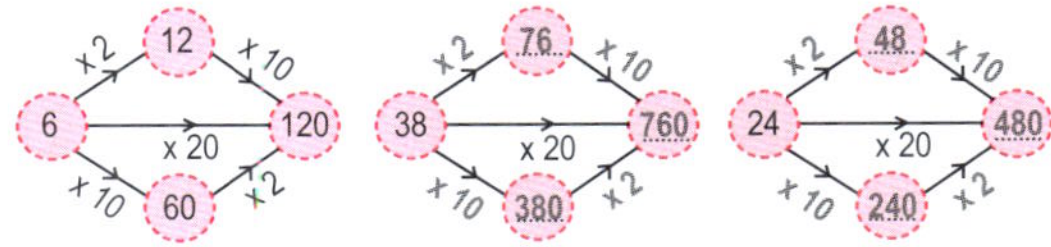

1. Trouve la réponse de 2 manières différentes.

56 x 20 =
- (56 x 2) x 10 = 1 120 (112)
- (56 x 10) x 2 = 1 120 (560)

43,5 x 20 =
- (43,5 x 2) x 10 = 870
- (43,5 x 10) x 2 = 870

249 x 20 =
- (249 x 2) x 10 = 4 980
- (249 x 10) x 2 = 4 980

x 10

	x 2	x 20
19,4	38,8	388
34,8	69,6	696
119	238	2 380
411	822	8 220
34,5	69	690

2. Effectue.

12,50 x 20 = 250
56,6 x 20 = 1 132
178 x 20 = 3 560
0,50 x 20 = 10
448 x 20 = 8 960

20 x 39 = 780
20 x 115 = 2 300
20 x 88 = 1 760
20 x 0,01 = 0,20
20 x 116 = 2 320

CORRECTIFS

CALCUL MENTAL
X 11 = X 10 + (X 1)

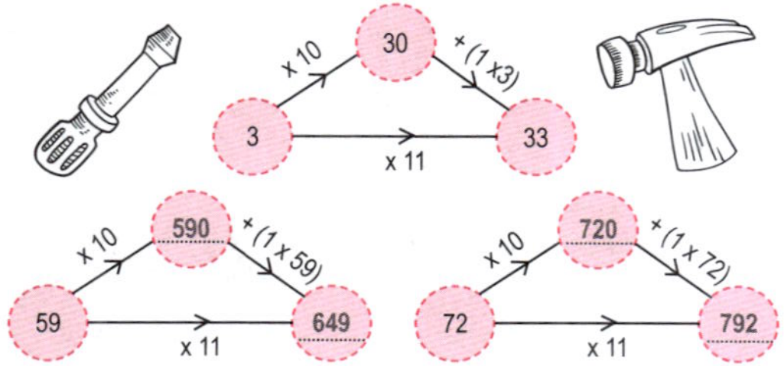

Effectue.

57 x 11 = (57 x 10) + 57 = 627 (570)

123 x 11 = (1 230 + 123) = 1 353

72 x 11 = (720 + 72) = 792

87,5 x 11 = (875 + 87,5) = 962,5

106 x 11 = (1 060 + 106) = 1 166

76 x 11 = (760 + 76) = 836

204 x 11 = (2040 + 204) = 2 244

55,5 x 11 = (555 + 55,5) = 610,5

12,8 x 11 = (128 + 12,8) = 140,8

44,2 x 11 = (442 + 44,2) = 486,2

	x 10	x 1	x 11
0,5	5	0,5	5,5
1,3	13	1,3	14,3
7,7	77	7,7	84,7
3,5	35	3,5	38,5

	x 11
39	429
46	506
63	693
116	1 276
247	2 717

CALCUL MENTAL
X 9 = X 10 - (X 1)

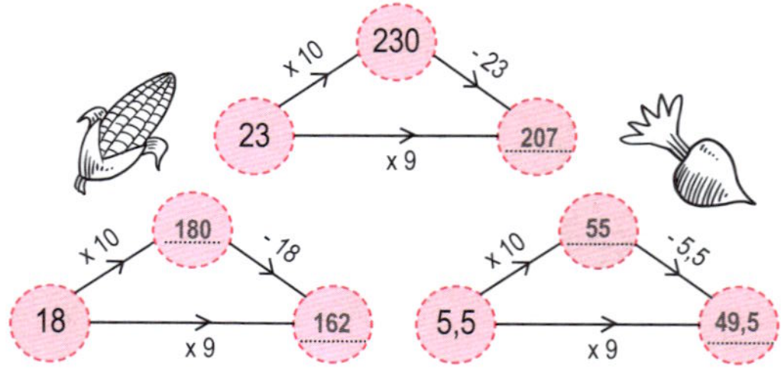

1. Effectue.

	68	73	101	124	156	22,5	0,5	6,5	0,2
x 10	680	730	1010	1 240	1 560	225	5	65	2
x 1	68	73	101	124	156	22,5	0,5	6,5	0,2
x 9	612	657	909	1 116	1 404	202,5	4,5	58,5	1,8

35 x 9 = (350 - 35) = 315

42 x 9 = (420 - 42) = 378

48 x 9 = (480 - 48) = 432

116 x 9 = (1 160 - 116) = 1 044

9 x 89 = (890 - 89) = 801

9 x 108 = (1 080 - 108) = 972

9 x 0,8 = (8 - 0,8) = 7,2

9 x 56 = (560 - 56) = 504

9 x 1,2 = (12 - 1,2) = 10,8

2,7 x 9 = (27 - 2,7) = 24,3

0,92 x 9 = (9,20 - 0,92) = 8,28

9 x 39 = (390 - 39) = 351

CORRECTIFS

CALCULS EN CHAINE

Départ	Opération	Résultat	Opération	Résultat
160	: 4	40	x 3	120
64	: 8	8	x 5	40
125	: 5	25	x 4	100
77	: 7	11	x 6	66
630	: 9	70	x 9	630
660	: 3	220	x 2	440
420	: 6	70	x 8	560
540	: 3	180	x 5	900
810	: 9	90	x 3	270
540	: 3	180	x 4	720

Départ	Opération	Résultat	Opération	Résultat
180	: 5	36	x 3	108
480	: 8	60	x 5	300
600	: 4	150	x 3	450
210	: 7	30	x 4	120
660	: 6	110	x 10	1 100
19	: 2	9,5	x 7	66,5
116	: 4	29	x 5	145
86	: 4	21,5	x 8	172
37	: 2	18,5	x 5	92,5
72	: 8	9	x 6	54

CALCUL ÉCRIT
ADDITIONS

1. Additions avec un report aux unités.

324,75	345,6	2 780,7	345,9	531,9
+ 43,82	+ 231,8	+ 13 218,7	+ 3 451,7	+ 346,8
368,57	577,4	15 999,4	3 797,6	878,7

2. Additions avec un report aux dizaines.

6 543	7 434	5 644	5 604	436,2
+ 419	+ 1 228	+ 1 249	+ 2 217	+ 238,1
6 962	8 662	6 893	7 821	674,3

3. Additions avec un report aux centaines.

273	4 532	5 683	43 880	176,5
+ 81	+ 2 182	+ 2 171	+ 23 080	+ 762,2
354	6 714	7 854	66 960	938,7

4. Additions avec un report aux unités de mille.

4 503	5 433	76 775	67 632	45 620
+ 1 824	+ 2 821	+ 12 413	+ 21 815	+ 32 730
6 327	8 254	89 188	89 447	78 350

CORRECTIFS

CALCUL ÉCRIT
ADDITIONS (SUITE)

5. Additions avec 2 reports.

1 1	1 1	1 1	1 1	1
456,8	2 345,6	2 460,6	4 524	6 631
+ 51,9	+ 4 725,2	+ 5 960,3	+ 1 590	+ 3 827
508,7	7 070,8	8 420,9	6 114	10 458

6. Additions avec 3 reports.

1 1 1	1 1 1	1 1 1	1 1 1	1 1 1
2 349	56 311	4 529	563 211	6 328
+ 4 678	+ 55 704	+ 4 786	+ 49 965	+ 5 728
7 027	112 015	9 315	613 176	12 056
1 1 1	1 1 1	1 1 1	1 1 1	1 1 1
564,90	56 211	343 223	6 744,4	79,95
+ 247,85	+ 39 959	+ 653 989	+ 778,2	+ 58,70
812,75	96 170	997 212	7 522,6	138,65

CALCUL ÉCRIT
ADDITIONS (SUITE)

7. Mélange.

		1 1	1	
117	218	1 359	627	444
+ 12,50	+ 100,4	+ 3 456,2	+ 450,1	+ 8 450
129,50	318,4	4 815,2	1077,1	8 894
1	1	1	1 1 1 1	
456	5 900,3	211,90	58 776	45
+ 63	+ 270,65	+ 475,45	+ 25 526	+ 123
519	6 170,95	687,35	84 302	168
1 1	1		1 1 1 1	1 1
567	85	523,1	48 776	677
+ 145	+ 208	+ 344,8	+ 15 526	+ 284
712	293	867,9	64 302	961
1 1	1 1 1	1 1 1	1 2	1 2 1
34	678	450,1	287	890
256	6 770	456,8	17,4	678,4
+ 44,8	+ 17,4	+ 6,3	+ 258,1	+ 49,2
334,8	7 465,4	913,2	562,5	1 617,6

CORRECTIFS

CALCUL ÉCRIT
SOUSTRACTIONS

1. Avec un emprunt ou une compensation.

374 − 39 = 335	745 − 216 = 529	628 − 319 = 309	534 − 362 = 172	6 238 − 4 156 = 2 082

2. Avec deux emprunts ou deux compensations.

263 − 77 = 186	562 − 186 = 376	536 − 279 = 257	245 − 158 = 087	3 254 − 2 178 = 1 076

3. Avec trois emprunts ou compensations.

1 247 − 359 = 0 888	4 563 − 2 789 = 1 774	7 342 − 5 556 = 1 786	4 585 − 2 799 = 1 786	443,7 − 286,8 = 156,9
305,25 − 107,59 = 197,66	4 560,2 − 2573,4 = 1986,8	56 310,5 − 44 755,5 = 11 555,0	443,7 − 286,8 = 156,9	116,7 − 88,9 = 27,8

4. Mélange.

345 − 17 = 328	563 − 153 = 410	7 654 − 6 540 = 1 114	1 235 − 1 007 = 0 228	3 653 − 1 510 = 2 143

CALCUL ÉCRIT
MULTIPLICATIONS

1. Un multiplicateur.

55 x 6 = 330	42 x 3 = 126	451 x 6 = 2 706	632 x 5 = 3 160	116 x 9 = 1 044
4563 x 6 = 27 378	1245 x 3 = 3 735	3423 x 7 = 23 961	534,25 x 7 = 3 739,75	1243,20 x 3 = 3 729,60

2. Deux multiplicateurs.

55 x 13 : 165 + 550 = 715	34 x 16 : 204 + 340 = 544	19 x 14 : 76 + 190 = 266	236 x 21 : 236 + 4720 = 4956
451 x 36 : 2706 + 13530 = 16236	8142 x 27 : 56994 + 162840 = 219834	2231 x 55 : 11155 + 111550 = 122705	2336,6 x 31 : 2336 6 + 70098 0 = 72434,6

CORRECTIFS

CALCUL ÉCRIT
DIVISIONS

1. Le diviseur n'a qu'un chiffre.

```
  7 8 4 | 7
- 7     |------
  0 8   | 1 1 2
  - 7
    1 4
  - 1 4
      0
```

```
  7 9 1 | 7
- 7     |------
  0 9   | 1 1 3
  - 7
    2 1
  - 2 1
      0
```

2. Le zéro s'intercale au quotient.

```
  8 3 6 | 4
- 8     |------
  0 3   | 2 0 9
  - 0
    3 6
  - 3 6
      0
```

```
  7 1 4 | 7
- 7     |------
  0 1   | 1 0 2
  - 0
    1 4
  - 1 4
      0
```

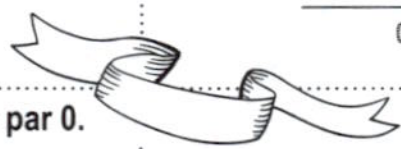

3. Le dividende se termine par 0.

```
  6 2 0 0 | 4
- 4       |--------
  2 2     | 1 5 5 0
- 2 0
    2 0
  - 2 0
      0 0
```

```
  7 5 3 0 | 3
- 6       |--------
  1 5     | 2 5 1 0
- 1 5
    0 3
    - 3
      0 0
```


CALCUL ÉCRIT
DIVISIONS

4. Le dividende et le diviseur se terminent par 0.

```
  2 2 8 Ø | 2 Ø
- 2       |------
  0 2     | 1 1 4
    2
    0 8
    - 8
      0
```

```
  4 1 2 Ø | 4 Ø
- 4       |------
  0 1     | 1 0 3
  - 0
    1 2
    1 2
      0
```

5. Le diviseur a 2 chiffres.

```
  8 1 0 | 1 8
- 7 2   |-----
    9 0 | 4 5
  - 9 0
      0
```

```
  9 4 3 | 4 1
- 8 2   |-----
  1 2 3 | 2 3
- 1 2 3
      0
```

6. Le dividende est un nombre à virgule.

```
  2 5 6 , 5 | 9
- 1 8       |--------
    7 6     | 2 8 , 5
  - 7 2
      4 5
    - 4 5
        0
```

```
  3 2 2 , 2 | 6
- 3 0       |--------
    2 2     | 5 3 , 7
  - 1 8
      4 2
      4 2
        0
```

CORRECTIFS

CALCUL ÉCRIT
DIVISIONS

7. Mélange.

```
  8 6 7 | 3
- 6     |------
  2 6   | 2 8 9
- 2 4
    2 7
  - 2 7
      0
```

```
  9 6 3 | 9
- 9     |------
  0 6   | 1 0 7
  - 0
    6 3
  - 6 3
      0
```

```
  4 9,5 | 3
- 3     |------
  1 9   | 1 6,5
- 1 8
    1 5
  - 1 5
      0
```

```
  7 3 6 | 4
- 4     |------
  3 3   | 1 8 4
- 3 2
    1 6
  - 1 6
      0
```

```
  8 7 0 | 6
- 6     |------
  2 7   | 1 4 5
- 2 4
    3 0
  - 3 0
      0
```

```
  5 1 8 4 | 9
- 4 5     |------
    6 8   | 5 7 6
  - 6 3
      5 4
    - 5 4
        0
```


FRACTIONS
COLORIE

1. Colorie dans la couleur indiquée.

/!\ D'autres représentations de solutions sont possibles.

3/8 en rouge :

4/10 en vert :

2/12 en jaune :

7/12 en bleu :

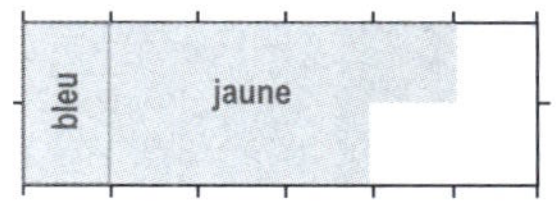

2/3 en brun :

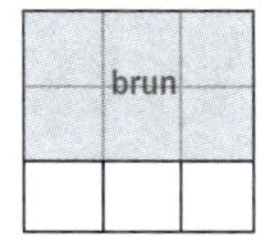

2/8 en rouge :

1/8 en vert :

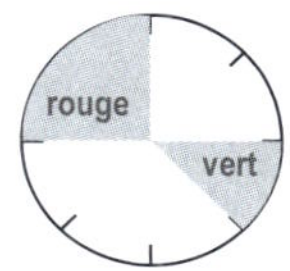

1 quart en jaune :

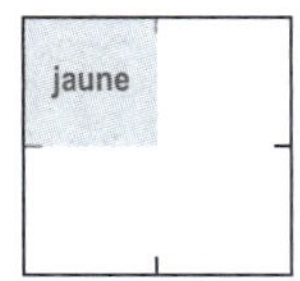

1/2 en bleu:

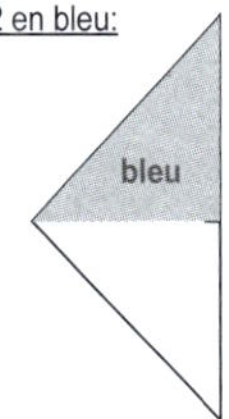

CORRECTIFS

FRACTIONS ÉQUIVALENTES

1. Trouve 2 fractions équivalentes.

/!\ Il y a beaucoup de solutions possibles.

$\frac{5}{15} = \frac{1}{3} = \frac{2}{6}$ | $\frac{6}{18} = \frac{1}{3} = \frac{2}{6}$ | $\frac{1}{5} = \frac{2}{10} = \frac{4}{20}$

$\frac{3}{9} = \frac{1}{3} = \frac{2}{6}$ | $\frac{5}{25} = \frac{1}{5} = \frac{2}{10}$ | $\frac{8}{16} = \frac{1}{2} = \frac{3}{6}$

$\frac{7}{14} = \frac{1}{2} = \frac{2}{4}$ | $\frac{12}{24} = \frac{1}{2} = \frac{2}{4}$ | $\frac{9}{27} = \frac{1}{3} = \frac{3}{9}$

$\frac{1}{10} = \frac{2}{20} = \frac{4}{40}$ | $\frac{3}{5} = \frac{6}{10} = \frac{12}{20}$ | $\frac{4}{12} = \frac{1}{3} = \frac{2}{6}$

$\frac{12}{14} = \frac{6}{7} = \frac{18}{21}$ | $\frac{10}{60} = \frac{1}{6} = \frac{2}{12}$ | $\frac{12}{36} = \frac{1}{3} = \frac{2}{6}$

2. Complète.

	1/10	3/10	4/10	5/10	7/10	9/10
30	3	9	12	15	21	27
55	5,5	16,5	22	27,5	38,5	49,5
105	10,5	31,5	42	52,5	73,5	94,5
220	22	66	88	110	154	198
19	1,9	5,7	7,6	9,5	13,3	17,1

Joins les fractions équivalentes :

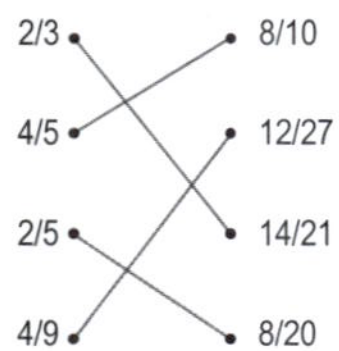

FRACTIONS

1. Trouve le rapport qui existe entre.

1 jour et une semaine : $\frac{1}{7}$

1 semaine et 1 an : $\frac{1}{52}$

1 min et 1 heure : $\frac{1}{60}$

1 heure et 1 jour : $\frac{1}{24}$

1 mois et 1 an : $\frac{1}{12}$

5 min et 1h : $\frac{1}{12}$

1 trimestre et 1 an : $\frac{1}{4}$

1 semestre et 1 lustre : $\frac{1}{10}$

1 dl et 1 l : $\frac{1}{10}$

1 cl et 1 dl : $\frac{1}{10}$

1 cl et 1 l : $\frac{1}{100}$

2 € et 10 € : $\frac{1}{5}$

1 g et 1 hg : $\frac{1}{100}$

1 g et 1 dag : $\frac{1}{10}$

100 g et 1 hg : $\frac{1}{1}$

1 dal et 2 dal : $\frac{1}{2}$

1 l et 1 dal : $\frac{1}{10}$

2 dl et 2 l : $\frac{1}{10}$

5 l et 1 dal : $\frac{1}{2}$

0,5 l et 1 dal : $\frac{1}{20}$

1 dm^2 et 1 m^2: $\frac{1}{100}$

2 oeufs et 1 boîte de 12 : $\frac{1}{6}$

Les cartes rouges d'un jeu de 52 cartes : $\frac{1}{2}$

2. Complète.

24h, c'est $\frac{1}{7}$ de semaine et $\frac{1}{30}$ de mois de 30 jours.

Une pièce de 50 centimes, c'est $\frac{1}{200}$ d'un billet de 100€.

L'été, c'est $\frac{1}{4}$ d'année.

3 ans, c'est $\frac{3}{100}$ de siècle.

15 minutes, c'est $\frac{1}{4}$ d'une heure.

CORRECTIFS

FRACTIONS

1. Décompose.

les 2/5 de 50 = 20

10 | 10 | 10 | 10 | 10 → 20

les 5/6 de 360 = 300

60 | 60 | 60 | 60 | 60 | 60

les 4/7 de 490 = 280

70 | 70 | 70 | 70 | 70 | 70 | 70

les 7/8 de 640 = 560

80 | 80 | 80 | 80 | 80 | 80 | 80 | 80

2. Effectue.

$\frac{1}{7}$ de 77 = 11

$\frac{5}{7}$ de 77 = 55

$\frac{1}{9}$ de 720 = 80

$\frac{4}{9}$ de 720 = 320

$\frac{1}{8}$ de 560 = 70

$\frac{3}{8}$ de 560 = 210

$\frac{2}{7}$ de 49 = 14

$\frac{4}{9}$ de 360 = 160

$\frac{2}{5}$ de 70 = 28

$\frac{5}{6}$ de 120 = 100

$\frac{3}{8}$ de 160 = 60

$\frac{3}{4}$ de 500 = 375

3. Complète.

1 /4 de 1200 = 300

2 /5 de 125 = 50

3 /4 de 48 = 36

3 /9 de 270 = 90

3 /7 de 490 = 210

1 /2 de 120 = 60

1 / 5 de 505 = 101

1 / 4 de 6 = 1,5

FRACTIONS
SIMPLIFICATION

1. Pour simplifier une fraction, on divise son numérateur et son dénominateur par un même nombre. Ce nombre doit être le plus grand possible ! (PGCD)

$\frac{4}{8}$ → : 4 → $\frac{1}{2}$

$\frac{12}{20}$ → : 4 → $\frac{3}{5}$

$\frac{6}{18}$ → : 6 → $\frac{1}{3}$

$\frac{7}{21}$ → : 7 → $\frac{1}{3}$

2. Simplifie, et si c'est impossible, écris « imp ».

$\frac{9}{18} = \frac{1}{2}$

$\frac{5}{25} = \frac{1}{5}$

$\frac{4}{20} = \frac{1}{5}$

$\frac{6}{36} = \frac{1}{6}$

$\frac{8}{32} = \frac{1}{4}$

$\frac{9}{36} = \frac{1}{4}$

$\frac{7}{44} =$ imp.

$\frac{18}{24} = \frac{3}{4}$

$\frac{24}{36} = \frac{2}{3}$

$\frac{8}{32} = \frac{1}{4}$

$\frac{36}{9} = 4$

$\frac{21}{7} = 3$

$\frac{66}{11} = 6$

$\frac{8}{88} = \frac{1}{11}$

$\frac{9}{81} = \frac{1}{9}$

$\frac{5}{55} = \frac{1}{11}$

$\frac{9}{90} = \frac{1}{10}$

$\frac{12}{48} = \frac{1}{4}$

$\frac{25}{50} = \frac{1}{2}$

$\frac{6}{54} = \frac{1}{9}$

$\frac{14}{49} = \frac{2}{7}$

CORRECTIFS

FRACTIONS
ADDITIONS ET SOUSTRACTIONS

1. Additions.

$\frac{1}{5} + \frac{3}{5} = \frac{4}{5}$

$\frac{7}{11} + \frac{2}{11} = \frac{9}{11}$

$\frac{5}{13} + \frac{4}{13} = \frac{9}{13}$

$\frac{6}{18} + \frac{2}{18} = \frac{8}{18}$

$\frac{4}{3} + \frac{13}{3} = \frac{17}{3}$

$\frac{5}{7} + \frac{3}{7} + \frac{4}{7} = \frac{12}{7}$

$\frac{3}{6} + \frac{5}{6} + \frac{7}{6} = \frac{15}{6}$

$\frac{6}{8} + \frac{2}{8} + \frac{9}{8} = \frac{17}{8}$

$\frac{7}{11} + \frac{4}{11} + \frac{3}{11} = \frac{14}{11}$

$\frac{17}{41} + \frac{12}{41} + \frac{14}{41} + \frac{29}{41} = \frac{72}{41}$

2. Soustractions.

$\frac{4}{5} - \frac{2}{5} = \frac{2}{5}$

$\frac{5}{7} - \frac{3}{7} = \frac{2}{7}$

$\frac{6}{10} - \frac{2}{10} = \frac{4}{10}$

$\frac{9}{4} - \frac{5}{4} = \frac{4}{4}$

$\frac{2}{11} - \frac{1}{11} = \frac{1}{11}$

$3 - \frac{5}{8} = 2\frac{3}{8}$

$4 - \frac{1}{6} = 3\frac{5}{6}$

$7 - \frac{3}{4} = 6\frac{1}{4}$

$9 - \frac{6}{7} = 8\frac{1}{7}$

$13 - \frac{4}{9} = 12\frac{5}{9}$

FRACTIONS
MULTIPLICATIONS ET DIVISIONS

1. Multiplications.

$3 \times \frac{1}{5} = \frac{3}{5}$

$3 \times \frac{2}{7} = \frac{6}{7}$

$5 \times \frac{5}{7} = \frac{25}{7}$

$5 \times \frac{1}{9} = \frac{5}{9}$

$2 \times \frac{6}{8} = \frac{12}{8}$

$3 \times \frac{5}{3} = \frac{15}{3}$

$5 \times \frac{4}{2} = \frac{20}{2}$

$7 \times \frac{6}{5} = \frac{42}{5}$

$9 \times \frac{3}{7} = \frac{27}{7}$

$8 \times \frac{4}{11} = \frac{32}{11}$

2. Divisions.

$\frac{4}{7} : 2 = \frac{2}{7}$

$\frac{8}{9} : 4 = \frac{2}{9}$

$\frac{12}{5} : 3 = \frac{4}{5}$

$\frac{9}{2} : 3 = \frac{3}{2}$

$\frac{10}{3} : 5 = \frac{2}{3}$

$\frac{12}{9} : 3 = \frac{4}{9}$

$\frac{6}{7} : 3 = \frac{2}{7}$

$\frac{4}{13} : 4 = \frac{1}{13}$

$\frac{16}{3} : 8 = \frac{2}{3}$

$\frac{9}{17} : 3 = \frac{3}{17}$

CORRECTIFS

FRACTIONS
NOMBRES DÉCIMAUX

Transforme.

$\frac{1}{4}$ = 0, 25	$\frac{2}{10}$ = 0,2	$\frac{90}{100}$ = 0,90
$\frac{1}{2}$ = 0,5	$\frac{4}{10}$ = 0,4	$\frac{50}{100}$ = 0,50
$\frac{1}{5}$ = 0,2	$\frac{5}{10}$ = 0,5	$\frac{75}{100}$ = 0,75
$\frac{2}{4}$ = 0,5	$\frac{9}{10}$ = 0,9	$\frac{80}{100}$ = 0,80
$\frac{3}{4}$ = 0,75	$\frac{1}{10}$ = 0,1	$\frac{10}{100}$ = 0,10
$\frac{2}{5}$ = 0,4	$\frac{1}{20}$ = 0,05	$\frac{99}{100}$ = 0,99
$\frac{3}{5}$ = 0,6	$\frac{40}{100}$ = 0,40	$\frac{5}{100}$ = 0,05
$\frac{4}{5}$ = 0,8	$\frac{36}{100}$ = 0,36	$\frac{20}{100}$ = 0,20
$\frac{1}{10}$ = 0,1	$\frac{25}{100}$ = 0,25	$\frac{68}{100}$ = 0,68

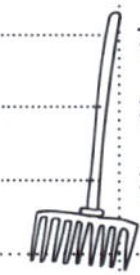

0,2 = $\frac{2}{10}$	0,50 = $\frac{50}{100}$	0,35 = $\frac{35}{100}$
0,4 = $\frac{2}{5}$	0,40 = $\frac{40}{100}$	0,28 = $\frac{28}{100}$
0,5 = $\frac{1}{2}$	0,89 = $\frac{89}{100}$	0,55 = $\frac{55}{100}$
0,6 = $\frac{3}{5}$	0,72 = $\frac{72}{100}$	0,65 = $\frac{65}{100}$
0,8 = $\frac{4}{5}$	0,64 = $\frac{64}{100}$	0,97 = $\frac{97}{100}$
0,9 = $\frac{9}{10}$	0,91 = $\frac{91}{100}$	0,42 = $\frac{42}{100}$
0,7 = $\frac{7}{10}$	0,13 = $\frac{13}{100}$	0,902 = $\frac{902}{1\,000}$

FRACTIONS
EXERCICES

1. Ajoute <, = ou >.

$\frac{1}{2}$ de 480 = $\frac{1}{4}$ de 960

$\frac{1}{3}$ de 66 = $\frac{1}{6}$ de 132

$\frac{1}{2}$ de 420 > $\frac{1}{4}$ de 420

$\frac{4}{5}$ de 160 < $\frac{4}{5}$ de 320

$\frac{2}{5}$ de 180 > $\frac{2}{5}$ de 90

2. Classe ces fractions par ordre décroissant.

$\frac{1}{5}$ $\frac{1}{7}$ $\frac{1}{6}$ $\frac{1}{8}$

$\frac{1}{5} > \frac{1}{6} > \frac{1}{7} > \frac{1}{8}$

$\frac{1}{5}$ $\frac{1}{4}$ $\frac{1}{9}$ $\frac{1}{1}$

$\frac{1}{1} > \frac{1}{4} > \frac{1}{5} > \frac{1}{9}$

$\frac{2}{3}$ $\frac{2}{6}$ $\frac{2}{9}$ $\frac{2}{13}$

$\frac{2}{3} > \frac{2}{6} > \frac{2}{9} > \frac{2}{13}$

$\frac{4}{5}$ $\frac{4}{3}$ $\frac{4}{8}$ $\frac{4}{12}$

$\frac{4}{3} > \frac{4}{5} > \frac{4}{8} > \frac{4}{12}$

CORRECTIFS

GRANDEURS
LE L, LE DL, LE CL, LE ML

KL	HL	DAL	L	DL	CL	ML

1. Trouve les capacités équivalentes grâce au tableau.

1 l = 100 cl

1,5 l = 150 cl

2 l = 200 cl

750 ml = 75 cl = $\frac{3}{4}$ l

100 cl = 1 l

0,25 l = 25 cl = $\frac{1}{4}$ l

0,7 l = 70 cl

$\frac{1}{4}$ de l = 25 cl

$\frac{1}{2}$ l = 50 cl

$\frac{1}{5}$ de l = 20 cl

2. Complète.

0,3 l	4 dl	0,3 l	= 1 L
$\frac{2}{10}$ de l	$\frac{1}{5}$ de l	$\frac{6}{10}$ l	= 1 L
0,5 l	4 dl	1 dl	= 1 L
= 1 L	= 1 L	= 1 L	

0,4 l	0,4 l	1,2 l	= 2 L
0,7 l	6 dl	7 dl	= 2 L
9 dl	1 l	1 dl	= 2 L
= 2 L	= 2 L	= 2 L	

GRANDEURS
LE L, LE DL, LE CL, LE ML

3. Transforme dans la même unité et calcule.

1 l - 75 cl = 25 cl
100 cl

3/4 de l + 15 cl = 90 cl
75 cl

4 dl + 40 cl = 80 cl
40 cl

0,6 l + 20 cl = 80 cl
60 cl

3,5 l - 60 cl = 290 cl
350 cl

70 cl - 2 dl = 50 cl
20 cl

9 l - 85 dl = 5 dl
90 dl

6 dal + 16 l = 76 l
60 l

9 dal - 24 l = 66 l
90 l

5 dal - 0,5 l = 49,5 l
50 l

34 dal - 34 l = 306 l
340 l

69 l + 1/2 dal = 74 l
5 l

1 L C'EST :	1 DL C'EST :	1 CL C'EST :
1 dal : 10 1 dl x 10 0,2 l x 5	1 l : 10 1/2 l : 5 1 dal : 100	1 dl : 10 1 l : 100 1/2 l : 50

CORRECTIFS

GRANDEURS
LE KG, LE HG, LE DAG, LE G

KG	HG	DAG	G	DG	CG	MG

1. Décompose.

135 G : 1 hg | 3 dag | 5 g

938 G : 9 hg | 3 dag | 8 g

119 G : 1 hg | 1 dag | 9 g

2. Recompose.

5 g + 4 dag + 6 hg = 645 g
9 hg + 5 dag + 1 g = 951 g
3 g + 4 dag + 8 hg = 843 g

4 dag + 5 hg = 540 g
9 dag + 3 g = 93 g
7 hg + 5 dag + 6 g = 756 g

3. Complète pour obtenir 1 kg.

1 KG =
250 g + 750 g
0,6 kg + 0,4 kg
$\frac{2}{10}$ de kg x 5

1 KG =
7 hg + 3 hg
1,3 kg - 0,3 kg
$\frac{1}{10}$ de kg + $\frac{9}{10}$ de kg

1 KG =
60 g + 940 g
0,5 hg + 9,5 hg
200 g x 5

GRANDEURS
LE KG, LE HG, LE DAG, LE G

1. Complète.

1 KG			
$\frac{1}{2}$ kg = 500 g		$\frac{1}{2}$ kg = 500 g	
$\frac{1}{4}$ kg = 250 g	$\frac{1}{4}$ kg = 250 g	$\frac{1}{4}$ kg = 250 g	$\frac{1}{4}$ kg = 250 g

2. Calcule.

1 kg : 10 = 1 hg
1 hg x 10 = 1 kg
1 dag x 100 = 1 kg

1 hg : 10 = 1 dag
1 kg : 100 = 1 dag
1 g x 1 000 = 1 kg

3 hg - 16 g = 284 g (300 g)
1 kg - 3 hg = 700 g (1.000 g, 300 g)
6 dag + 8 hg = 860 g (60 g, 800 g)
4 kg : 5 = 800 g (4.000 g)

5 dag + 5 hg = 550 g (50 g, 500 g)
0,8 kg - 4 dag = 760 g (800 g, 40 g)
7 kg - 7 hg = 6.300 g (7.000 g, 700 g)
4 x 2,5 hg = 1.000 g (250 g)

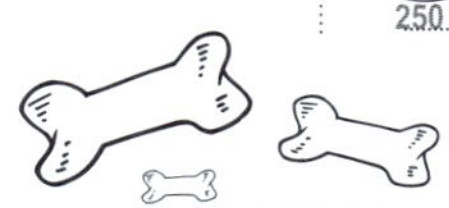

CORRECTIFS

GRANDEURS
LE KM, L'HM, LE DAM, LE M

KM	HM	DAM	M	DM	CM	MM

1. Transforme en mm.

13,5 cm = 135 mm
50 cm = 500 mm
$\frac{1}{2}$ m = 500 mm

32,2 cm = 322 mm
58,1 cm = 581 mm
$\frac{1}{5}$ de m = 200 mm

3 cm + 6 mm = 36 mm (30 mm)
5 cm + 8 mm = 58 mm (50 mm)
2 cm + 3 mm = 23 mm (20 mm)
5 cm - 5 mm = 45 mm (50 mm)
3 x 1,5 cm = 45 mm (15 mm)
35 mm + 0,5 cm = 40 mm (5 mm)
3 x 2,5 mm = 7,5 mm

4 cm : 2 = 20 mm (40 mm)
19 cm - 4,5 cm = 145 mm (190 mm, 45 mm)
5 cm - (3 x 6 mm) = 32 mm (50 mm, 18 mm)
7 mm x 10 = 70 mm
28 mm = 2 cm + 8 mm
35 mm - 2 cm = 15 mm (20 mm)
1 m - 452 mm = 548 mm (1.000 mm)

GRANDEURS
LE KM, L'HM, LE DAM, LE M

2. Transforme en cm.

3 dm et 5 cm = 35 cm
17,5 dm = 175 cm
0,8 dm = 8 cm
13 dm - 5 cm = 125 cm

6,5 m = 650 cm
3 m et 7 dm = 370 cm
0,9 m = 90 cm
1,3 m = 130 cm

3. Transforme en dam.

3 hm = 30 dam
6 hm + 3 dam = 63 dam
0,8 hm = 8 dam

7,5 hm = 75 dam
68 km = 6 800 dam
650 m = 65 dam

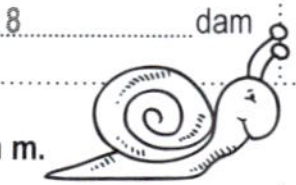

4. Transforme en m.

6 dam = 60 m
5 dam + 3 m = 53 m
0,5 dam = 5 m

5,6 dam = 56 m
1,5 hm = 150 m
3 hm : 2 = 150 m

3 dam + 116 m = 146 m (....... m)
5 hm - 5 dam = 450 m (500 m, 50 m)

38 m + 6,4 dam = 102 m (64 m)
3,2 dam + 4 dam = 72 m (32 m, 40 m)

CORRECTIFS

GRANDEURS
LE KM, L'HM, LE DAM, LE M

5. dam? hm? km?

La longueur d'un terrain de football est de 1,2 hm
La distance entre Bruxelles et Ostende est de 110 km
La hauteur du mont Blanc est de 48,07 hm
La grande muraille de Chine est longue de 6 700 km

6. Transforme.

1 DAM =	1 HM =	1 KM =
13,50 m - 3,5 m	342 m - 242 m	2 dam x 50
2 m x 5	5 dam x 2	4 hm x 2,5
1 hm : 10	1 km : 10	526 m + 474 m
1 km : 100	2 km : 20	4,5 hm + 5,5 hm
0,3 hm - 0,2 hm	1/2 dam x 20	51 dam + 49 dam

3 dam + 142 m = 172 m
30 m
4 km - 4 hm = 3 600 m
4 000 m 400 m
3,2 km - 5 hm = 2 700 m
3 200 m 500 m

6 hm - 4,2 dam = 558 m
600 m 42 m
3,5 hm : 2 = 175 m
350 m
39 dam - 17,5 m = 372,5 m
390 m

GRANDEURS
L'EURO

1 EURO =
2 pièces de 50 c
5 pièces de 20 c
10 pièces de 10 c
20 pièces de 5 c
50 pièces de 2 c

1. Réponds aux questions.

Puis-je payer 1 245€ en ne donnant que des billets de 5 € ? (OUI) NON

Marc prétend qu'il s'est payé un livre coûtant 18,47 € avec l'argent de sa tirelire qui contenait 16 p de 50c et 13 p de 5c. POSSIBLE (IMPOSSIBLE)

16 x 50 c = 8 € ; 13 p x 5 c = 65 c ; 8 € + 65 c = 8,65 €

2. Effectue.

(3 x 20€) + (4 x 50€) = (60 € + 200 €) = 260 €
(500€ : 4) + 100€ = (125 € + 100 €) = 225 €
(1 000€ : 8) - (7 x 5€) = (125 € - 35 €) = 90 €
(6 x 500€) - 112€ = (3 000 € - 112 €) = 2 888 €
(7 x 50c) + 442€ = (3,5 € + 442 €) = 445,5 €

CORRECTIFS

GRANDEURS
LA TEMPÉRATURE ET LE THERMOMÈTRE

1. Calcule la moyenne de ces températures relevées pendant une semaine à midi à l'extérieur.

3°	5°	1°	0°	-4°	-6°	-3°
D	L	M	M	J	V	S

Moyenne = (3 + 5 + 1 + 0 - 4 - 6 - 3) : 7 = - 0,5 °

Quel jour a-t-il fait le plus chaud ? lundi

Quel jour a-t-il fait le plus froid ? vendredi

2. Indique la température de lundi et de vendredi sur les thermomètres.

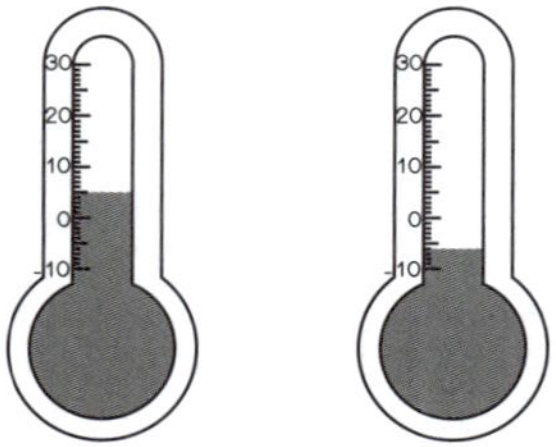

LA TEMPÉRATURE AUGMENTE
23° + 6° = 29°
5° + 12,6° = 17,6°
-3° + 7° = 4°
-6° + 6,2° = 0,2°

LA TEMPÉRATURE DIMINUE
23° - 6° = 17°
34,7° - 6° = 28,7°
28,4° - 12,2° = 16,2°
-11° - 3,2° = -14,2°

GRANDEURS
LE JOUR, LA SEMAINE, LE MOIS, L'ANNÉE

Complète.

Quel est le nom du 7e mois de l'année ? juillet

Quel est le mois le plus court de l'année ? février

Une année bissextile compte 366 jours.

Ensemble, mars et avril ont 61 jours.

Décembre contient 31 nuits.

Si le 4 novembre est un lundi, alors le 16 novembre, est un samedi

1/5 de siècle = 20 années

Une année comporte 4 saisons

Quels sont les 2 mois qui se suivent et qui comportent 31 jours ?

juillet et août ou décembre et janvier

L'année scolaire commence le 9 ème mois de l'année.

Si mon anniversaire est au mois de juillet, en quelle saison est-ce que je le fête ? en été

CORRECTIFS

GRANDEURS
L'HEURE, LA MINUTE ET LA SECONDE

1. Effectue.

1 h = 60 min
$2 h + \frac{1}{2} h$ = 150 min
90 min = 1 h 30
$\frac{1}{3}$ d'h = 20 min
180 min = 3 h
$\frac{1}{4}$ d'h = 15 min

$\frac{1}{5}$ d'h = 12 min
1 h : 2 = 30 min
$\frac{1}{10}$ d'h = 6 min
3 h : 2 = 90 min
$\frac{2}{6}$ d'h = 20 min
$\frac{1}{6}$ d'h = 10 min

6 min = 360 sec
15 min = 900 sec
$\frac{1}{2}$ min = 30 sec
5 min = 300 sec
90 sec = 1 min 30
180 sec = 3 min

15 sec = $\frac{1}{4}$ min
$\frac{1}{5}$ de min = 12 sec
3 min + 60 sec = 4 min
$\frac{1}{6}$ de min = 10 sec
3 min : 2 = 90 sec
5 min : 2 = 150 sec

2. Complète.

20 min + 1/5 d'h + 5 min + 23 min 20 + 12 + 5 = 37	= 1H
1/2 h + 10 min + 12 min + 8 min 30 + 10 + 12 = 52	= 1H
1/4 d'h + 15 min + 8 min + 22 min 15 + 15 + 8 = 38	= 1H
22 min + 1/6 d'h + 1/4 d'h + 13 min 22 + 10 + 15 = 47	= 1H

GRANDEURS
LA LECTURE DE L'HEURE

1. Écris l'heure de 2 façons différentes.

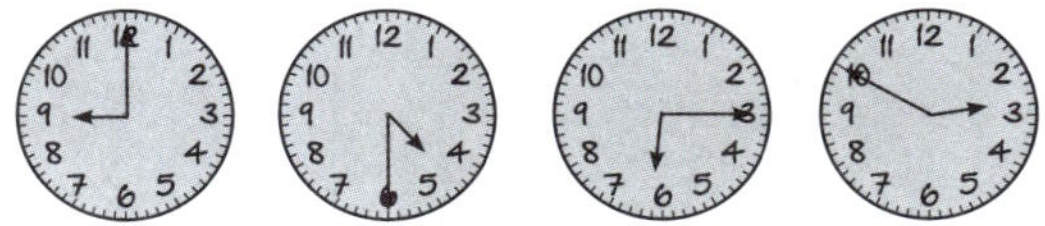

9 h ou 21 h — 4 h 30 ou 16 h 30 — 6 h 15 ou 18 h 15 — 2 h 50 ou 14 h 50

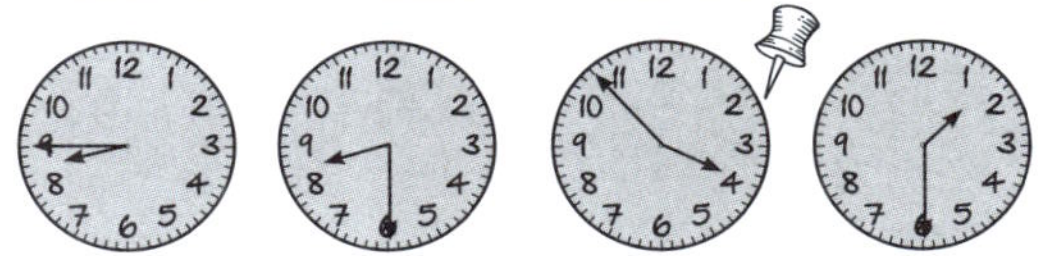

8 h 45 ou 20 h 45 — 8 h 30 ou 20 h 30 — 3 h 53 min ou 15 h 53 min — 1 h 30 ou 13 h 30

2. Problème.

Le train part à 10h10.
Ecris le sur le cadran.

Le trajet dure 1h20.
Ecris l'heure d'arrivée sur l'horloge.

CORRECTIFS

GRANDEURS
LA LECTURE DE L'HEURE

3. Dessine les aiguilles aux heures demandées.

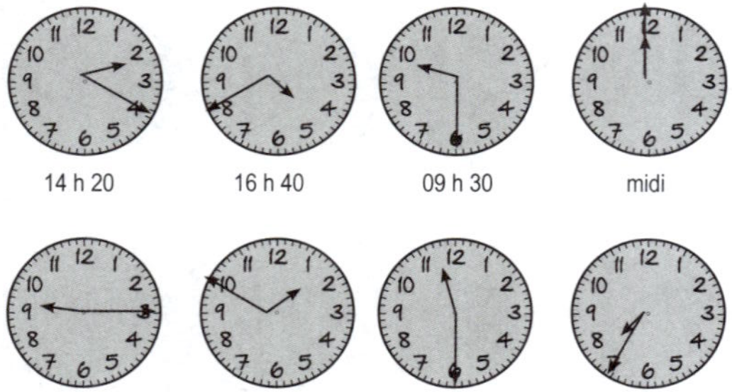

14 h 20 — 16 h 40 — 09 h 30 — midi

9 h 15 — 13 h 50 — 11 h 30 — 7 h 35

4. Exercice pratique.

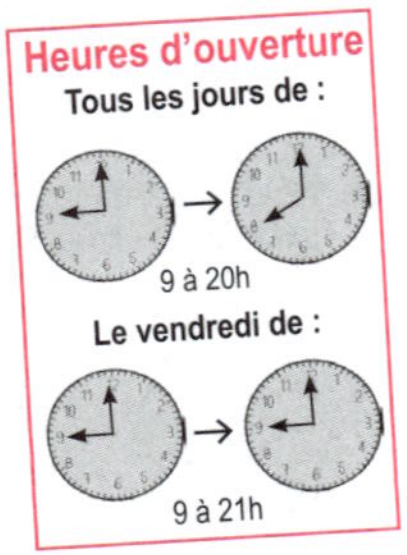

Le mardi, ce magasin est ouvert pendant ....11 h.... h.

Le vendredi, ce magasin est ouvert pendant ....12 h.... h.

GRANDEURS
EXERCICES

x 10	
1 dal	1 hl
1 dam	1 hm
1 cm	1 dm
1 dag	1 hg
1 dm	1 m
1 cl	1 dl
1 l	1 dal
1 dl	1 l
1 g	1 dag
1 hm	1 km

x 100	
1 cm	1 m
1 g	1 hg
1 dag	1 kg
1 cl	1 l
1 mm	1 dm
1 m	1 hm
1 ml	1 dl
1 l	1 hl
1 dm	1 dam
1 dam	1 kM

x 1000	
1 ml	1 l
1 mm	1 m
1 g	1 kg
1 dl	1 hl
1 m	1 km
1 cl	1 dal
1 dm	1 hm
1 l	1 kl
1 mg	1 g
1 cm	1 dam

: 10	
1 hg	1 dag
1 kg	1 hg
1 hm	1 dam
1 l	1 dl
1 dm	1 cm

: 100	
1 dm	1 mm
1 l	1 cl
1 dam	1 dm
1 kg	1 dag
1 m	1 cm

: 1000	
1 kg	1 g
1 hl	1 dl
1 dal	1 cl
1 m	1 mm
1 km	1 m

CORRECTIFS

GRANDEURS
LE CM² ET LE DM²

1. Colorie.

En rouge un rectangle de 6 cm² d'aire.

En jaune, un carré de 9 cm² d'aire.

En vert une figure de 5 cm² d'aire.

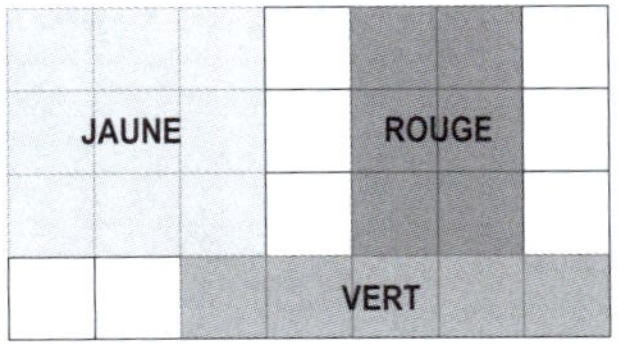

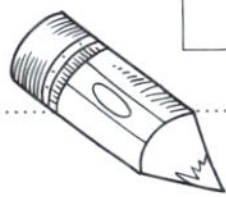

2. Convertis.

1 dm² = 100 cm²
2 dm² = 200 cm²
0,5 dm² = 50 cm²
$\frac{1}{4}$ de dm² = 25 cm²
2,5 dm² = 250 cm²
$\frac{1}{5}$ de dm² = 20 cm²
1,6 dm² = 160 cm²

100 cm² = 1 dm²
300 cm² = 3 dm²
10 cm² = 0,1 dm²
25 cm² = 0,25 dm²
150 cm² = 1,5 dm²
40 cm² = 0,4 dm²
1 000 cm² = 10 dm²

3. Complète pour obtenir 1 dm².

2 x 0,5 dm²
55 cm² + 45 cm²
1/5 dm² + 4/5 dm²
174 cm² - 74 cm²

4. Complète.

35 cm² + 17 cm² = 52 cm²
4 dm² + 1,5 dm² = 5,5 dm²
120 cm² - 1 dm² = 20 cm²
1 dm² : 2 = 50 cm²

GRANDEURS
LE M², LE DM², LE CM²

KM²		HM²		DAM²		M²		DM²		CM²		MM²	

1. Quelle unité choisirais-tu de préférence pour calculer l'aire...

a) de la Belgique ? km²
b) du tableau ? m²
c) du sol de la classe ? m²
d) de la cour de récréation ? dam² ou m²
e) d'une étiquette de cahier ? cm²

2. Convertis.

1 m² = 100 dm²
2 m² = 200 dm²
0,5 m² = 50 dm²
$\frac{1}{5}$ m² = 20 dm²
4,5 m² = 450 dm²
$\frac{1}{10}$ m² = 10 dm²
0,9 m² = 90 dm²
1 m² = 10.000 cm²
2,5 m² = 25.000 cm²

100 dm² = 1 m²
300 dm² = 3 m²
25 dm² = 0,25 m²
150 dm² = 1,5 m²
1 000 dm² = 10 m²
500 dm² = 5 m²
250 dm² = 2,5 m²
35 dm² + 65 dm² = 1 m²
8 000 cm² + 2.000 cm² = 1 m²

CORRECTIFS

GRANDEURS
LES VOLUMES

VOLUME = LONGUEUR X LARGEUR X HAUTEUR

1. Calcule le volume de ces caisses.

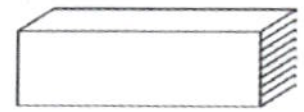

LONGUEUR	LARGEUR	HAUTEUR	VOLUME
10 cm	6 cm	2 cm	(10 x 6 x 2) = 120 cm³
15 cm	8 cm	4 cm	(15 x 8 x 4) = 480 cm³
40 cm	30 cm	15 cm	18 000 cm³ ou 18 dm³
45 cm	20 cm	18 cm	16 200 cm³ ou 16,2 dm³
25 cm	24 cm	10 cm	6 000 cm³ ou 6 dm³

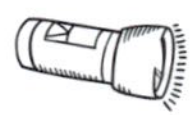

2. Calcule le volume de ces armoires.

LONGUEUR	LARGEUR	HAUTEUR	VOLUME
50 cm	40 cm	80 cm	160 000 cm³ ou 160 dm³
50 cm	50 cm	50 cm	125 000 cm³ ou 125 dm³
80 cm	70 cm	60 cm	336 000 cm³ ou 336 dm³
90 cm	70 cm	80 cm	504 000 cm³ ou 504 dm³

PROBLÈMES RAPIDES

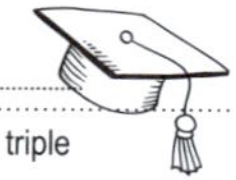

1. Si 13 caisses de même poids pèsent ensemble 1 105 kg, combien pèse une caisse ? 65 kg 70 kg ? 85 kg ? 90 kg ?
1 105 kg : 13 = 85 kg

2. Un livre compte 138 pages. Un second livre en compte le triple + 2 pages ou (3 x 138) + 2 = 416 pages.

3. Ma tirelire contient 43 €. J'en retire trois billets de 10 € et 2 billets de 5 €. Combien reste-il de pièces de 1 € ?
(3 x 10) + (2 x 5) = 40 € ; 43 - 40 = 3 pièces de 1 €.

4. Un champ rectangulaire a une longueur de 60 m et une aire de 1 800 m². Quelle est sa largeur ?
1 800 m² : 60 m = 30 m

5. Une caisse a une longueur de 16 dm, une largeur de 11 dm et une hauteur de 9 dm. Quel est son volume ?
(16 dm x 11 dm x 9 dm) = 1 584 dm³

6. Le 1/6 d'un nombre = 36,5. Quel est ce nombre ?
36,5 x 6 = 219

7. Je suis rentré à 15h47 chez le dentiste. J'en suis sorti à 16h12.
La visite a duré 25 minutes.

8. Si le périmètre d'un carré est de 92 cm, son aire est de (92 cm : 4) = 23 ; 23 cm x 23 cm = 529 cm².

9. Un cycliste a parcouru 252 km en 9 h. Calcule sa vitesse horaire moyenne :
252 km : 9 = 28 km/ h

CORRECTIFS

PROBLÈMES RAPIDES

1. Pour 2 kg d'oranges et 1 kg de bananes, Nadine a payé 4,10 €. 1 kg de bananes coûte 1,2 €.
Combien coûte 1 kg d'oranges ? 1 € 45
4,10 € - 1,20 € = 2,90 € ; 2,90 € : 2 = 1 € 45

2. Combien de timbres à 0,25 cents peut-on acheter si l'on dispose de 3,67€ ? 14 timbres
0,25 € x 14 = 3,5 €

3. Trois livres coûtent ensemble 47,74 €. Le premier coûte 12,50 € et le 3e 15,25 €. Combien coûte le 2e ? 19 € 99
12,50 € + 15,25 € = 27 € 75
47 € 74 - 27 €75 = 19 € 99

4. Une ampoule électrique coûte 2,60 €. Combien peut-on en acheter avec 21,4 € ? 7 ? (8 ?) 9 ? 10 ? 7 x 2,60 = 18,20 ; 8 x 2,60 = 20,80
9 x 2,60 = 23,4 ; 10 x 2,60 = 26

5. Michel a dépensé les 2/3 de son argent de poche, et il lui reste encore 116,50 €. Combien possédait-il ? 349,50 €
1/3 = 116, 50 € ; 116,50 € x 3 = 349,50 €

6. 6 couques semblables coûtent 5,4 €.
Combien payerait-on pour 11 couques identiques ? 9,9 €
1 couque coûte 0,9 €
11 couques coûtent : 0,9 x 11 = 9,9 €

7. Quel est le volume d'un cube en bois de 7 mm d'arête ?
V = (7 mm x 7 mm x 7 mm) = 343 mm²

PROBLÈMES
LE BON CHOIX

1. Entoure l'achat le plus avantageux.

1.	Petit paquet de chips : 45 g à 0,45 € ou **200 g à 1,39 €**
2.	Savon : **150 g à 1,35 €** ou 200 g à 2,59 €
3.	Huile : 0,5 L à 3,89 € ou **1 L à 6, 79 €**
4.	Pommes : **8 pièces à 2,24 €** ou 6 pièces à 2,49 €
5.	Pot de confiture : 450 g à 1,69 € ou **700 g à 2,19 €**

CORRECTIFS

PROBLÈMES
MOYENNES

1. Pendant le mois de janvier, Martine a obtenu les cotes suivantes en orthographe : 6,5 / 8 / 7,5 / 8 / 7 / 5. Calcule la moyenne de ses notes.

Calcul :

Etape n°1 => 6,5 + 8 + 7,5 + 8 + 7 + 5 = 42

Etape n°2 => 42 : 6 cotes = 7

Phrase :

Martine a obtenu ....7.......... de moyenne en orthographe.

2. Un fermier a ramassé 36 oeufs lundi, 44 oeufs mardi, 34 mercredi, 38 jeudi, 41 vendredi, 39 samedi et 34 dimanche. Combien d'oeufs a-t-il ramassés en moyenne par jour ?

Calcul :

36 + 44 + 34 + 38 + 41 + 39 + 34 = 266

266 : 7 = 38

Phrase :

Le fermier a ramassé 38 oeufs en moyenne par jour.

3. Une voiture roule pendant 3h. Pendant la 1ère heure, elle parcourt 63 km, pendant la 2ème, 58 km et pendant la 3ème, 59 km. Quelle est sa vitesse moyenne à l'heure ?

Calcul :

63 + 58 + 59 = 180

180 : 3 = 60

Phrase :

La vitesse moyenne de la voiture est de 60 km/h.

PROBLÈMES
POURCENTAGES

1. Colorie.

- 10 % de ce rectangle en bleu
- 20 % en jaune
- 30 % en vert
- 40 % en rouge

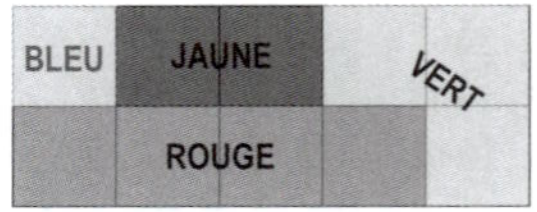

2. Calcule.

1 % de 100 = 1 10 % de 100 = 10

5 % de 100 = 5 50 % de 100 = 50

3. Complète.

	1 %	5 %	10 %	20 %	25 %	50 %
480	4,8	24	48	96	120	240
640	6,4	32	64	128	160	320

4. Calcule la ristourne.

Une machine à laver - 5 %	Un pantalon - 40 %
Prix de départ : 450 €	Prix de départ : 50 €
1 % = 4,5 €	1 % = 0,50 €
5 % = 22,5 €	40 % = 20 €

CORRECTIFS

PROBLÈMES
RISTOURNES - REMISES - SOLDES

1. Transforme en fraction.

20 % = $\frac{1}{5}$	10 % = $\frac{1}{10}$	40 % = $\frac{2}{5}$
50 % = $\frac{1}{2}$	5 % = $\frac{1}{20}$	25 % = $\frac{1}{4}$

2. Mon voisin a acheté une tronçonneuse valant 750 €. Il a otenu une remise de 5 %. A combien lui revient-elle ?

1 % de 750 € = 7,5 €

5 % de 750 € = 37,5 €

La tronçonneuse lui revient à (750 € - 37,5 €) = 712,5 €

3. Mon père n'a payé que 27 € un rasoir électrique qui était affiché à 30 €. Calcule le pourcentage de la ristourne obtenue.

Calculs : 30 € - 27 € = 3 €

3 € = $\frac{1}{10}$ de 30 = 10 % de 30

Phrase : le pourcentage obtenu est de 10 %

4. Effectue.

225 € - 5 % = (225 € - 11, 25 €) = 213,75 €

375 € - 10 % = (375 € - 37,5 €) = 337,50 €

PROBLÈMES
PRIX D'ACHAT - PRIX DE VENTE - BÉNÉFICE

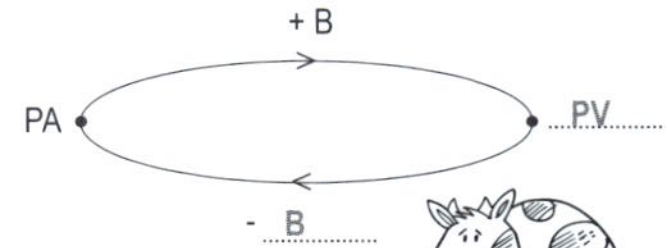

PA + B = PV
PV - B = PA

PV - PA = B
B + PA = PV

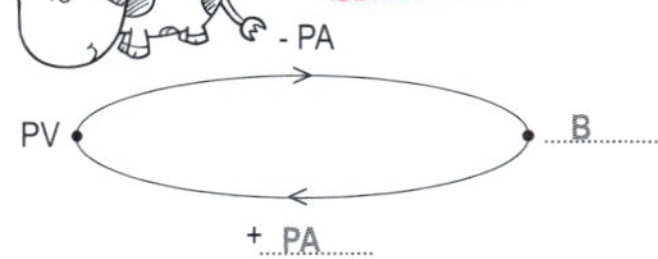

1. Un commerçant a acheté un vase pour 15 € et l'a revendu en gagnant le tiers du prix d'achat. Calcule le PV de ce vase.

$\frac{1}{3}$ du prix d'achat = (15 € : 3) = 5 €

Prix de vente de ce vase = (15 € + 5 €) = 20 €

2. Un charcutier achète du jambon à 4 € les 100 g. Combien gagne-t-il lorsqu'il vend 500 g de ce jambon à 7,5 € les 100 g ?

Sur 100 g de jambon, il gagne : (7,50 € - 4 €) = 3,50 €

Sur 500 g de jambon, il gagne : (3,5 x 5) = 17,50 €

CORRECTIFS

PROBLÈMES
PRIX D'ACHAT - PRIX DE VENTE - PERTE

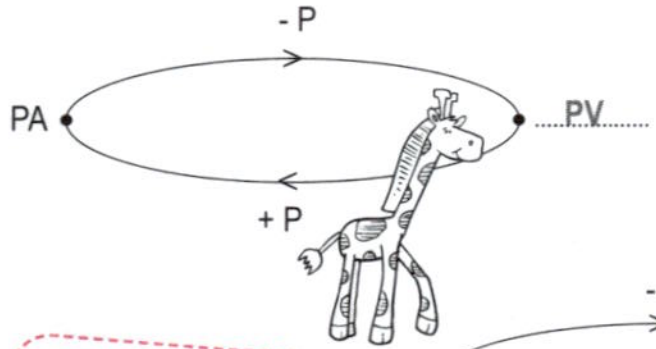

PA - P = PV
PV + P = PA

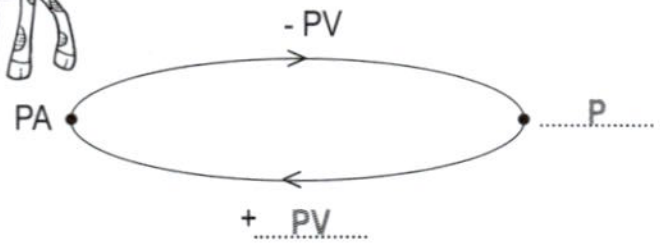

PA - PV = P
P + PV = PA

1. Un menuisier a acheté des portes à 95 €/ pièce. Pendant le transport, une porte est abîmée. Il la revendra en perdant 10 % sur le PA. Calcule le prix de vente de cette porte.

Calcul : 10 % de 95 € = 9,5 €
95 € - 9,5 € = 85,5 €

Phrase : Le prix de vente est de 85,5 €

2. Un marchand de fruits a acheté une caisse de 20 kg de pommes pour 18 €. Il ne parvient qu'à en revendre 16 kg à 1 € le kg et doit jeter le reste qui est avarié. Combien a-t-il perdu en vendant ses pommes ?

Prix de vente global des pommes : 16 kg x 1 € = 16 €
18 € - 16 € = 2 €

En vendant ses pommes, il a perdu : 2 €

PROBLÈMES
PRIX D'ACHAT - PRIX DE VENTE - PERTE - BÉNÉFICE

1. Un grossiste avait acheté 550 kg de café à 1,5 € le kg. Il en a vendu 300 kg à 2 € le kg. Suite à une baisse des prix, il doit vendre le reste à 0,5 € le kg. A-t-il fait un bénéfice ou une perte ?

Calcul : 550 kg x 1,5 € = 825 € = Prix d'achat
300 kg x 2 € = 600 € ; 250 kg x 0,5 € = 125 €
Prix de vente : 600 € + 125 € = 725 €
PA > PV => perte : 825 € - 725 € = 100 €

Phrase: Ce grossiste a une perte de 100 €

2. Complète.

Si le PV < PA, le commerçant fait une perte
Si le PV > PA, le commerçant fait un bénéfice
Si le PV = PA, le commerçant ne gagne rien

PA	PV	B	P
3 421 €	4 412 €	991 €	/
7 212 €	9 056 €	1 844 €	/
15 531 €	14 286 €	/	1 245 €
1 608 €	2 027 €	419 €	/
84,25 €	112,5 €	28,25 €	/
4 569 €	4 510 €	/	59 €

CORRECTIFS

PROBLÈMES
DISTANCES PARCOURUES

1. Un avion vole à une vitesse constante de 480 km/h.
Quelle distance pourcourt-il en 3h 15min ?
En 3h, il parcourt : 480 km x 3 = 1 440 km
En 15min il parcourt : 480 km : 4 = 120 km
En 3h 15min, il parcourt : 1 440 km + 120 km = 1 560 km

2. Un train roulant à une vitesse moyenne de 60 km/h a mis 4h 10min pour joindre 2 villes. Quelle distance sépare ces 2 villes ?
En 4 heures il a parcouru : 60 km x 4 = 240 km
En 10 minutes, il a parcouru : 60 km : 6 = 10 km
En 4h10, il a parcouru 250 km.
La distance entre les 2 villes est de 250 km.

3. Un automobiliste a parcouru 520 km en 8h.
Quelle est sa vitesse moyenne horaire ?
Calcul : En 8 h il parcourt 520 km
En 1 h il parcourt : 520 : 8 = 65 km
Phrase : La vitesse moyenne est de 65 km/ h

PROBLÈMES
PARTAGES INÉGAUX

1. Partage 210 € entre 2 personnes de sorte que l'une reçoive le double de l'autre.

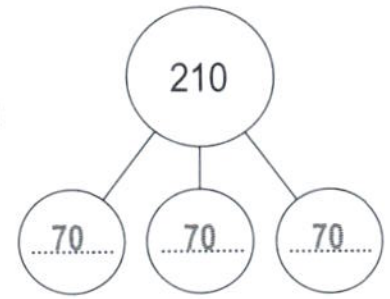

Nombre de parts : 3
La première personne reçoit : 70 €
La seconde reçoit : 140 €

2. J'ai acheté une table et une armoire pour 92 €. L'armoire coûte 3 fois plus cher que la table. Calcule le prix de chaque article.

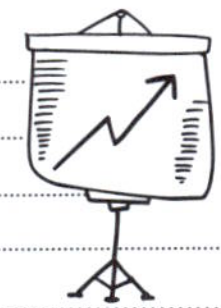

Nombre de parts : 4
Je divise par ce nombre : 92 € : 4 = 23 €
La table coûte : 23 €
L'armoire coûte : (23 € x 3) = 69 €

3. Un commerçant doit répartir 360 kg de café entre 2 clients de manière à ce que le premier reçoive 40 kg de plus que le second.
Calcule la part de chacun.
a) On enlève la différence : 360 kg - 40 kg = 320 kg
b) On divise par le nombre de parts : 320 kg : 2 = 160 kg
Le premier client reçoit : 160 kg + 40 kg = 200 kg
Le second client reçoit : 160 kg

CORRECTIFS

PROBLÈMES

1. Ma soeur a payé 84 € pour 7 albums de Tintin. Combien aurait-elle payé pour 5 albums ?

Prix d'un album : 12 €

Prix de 5 albums : 60 €

2. Complète.

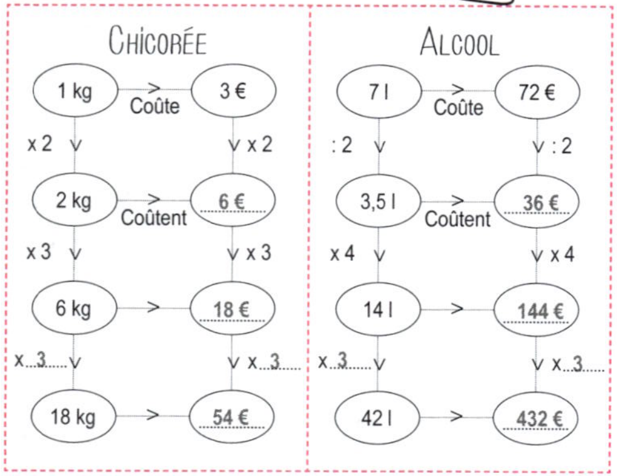

PROBLÈMES À L'ÉCHELLE

Longueur réelle —— x échelle ——> Longueur sur la carte

Complète.

Longueur réelle	Échelle	Sur la carte
540 m	1/10 000	5,4 cm
1 250 m	1/10 000	12,5 cm
8 km	1/100 000	8 cm
5 m	1/100	5 cm
630 m	1/1 000	63 cm
450 m	1/10 000	4,5 cm
810 m	1/10 000	8,1 cm
2 km	1/100 000	2 cm
13 m	1/100	13 cm

Échelle	Sur la carte	Représente en réel
1/10	1 cm	1 dm
1/100	1 cm	1 m
1/1 000	1 cm	1 dam
1/100 000	1 cm	1 km

CORRECTIFS

PROBLÈMES DE LIQUIDES ET DE POIDS

1. D'une cuve qui contenait 1 200 l de mazout, on a soutiré 12 seaux d'1 dal et puis 19 seaux de 7 l de mazout. Quelle quantité de mazout a-t-on soutirée ?

Calcul : 12 seaux d'1 dal = 120 l
19 seaux de 7 l = 133 l
120 l + 133 l = 253 l

Phrase : On a soutiré 253 l.

2. Un fermier a recueilli 425 l de lait qu'il a réparti dans des cruches de 25 l de contenance. Calcule le nombre de cruches.

Calcul : 425 l : 25 l = 17

Phrase : Il y a 17 cruches

3. Dans un bateau ne pouvant transporter que 3 T de marchandises, on a chargé 38 caisses pesant chacune 80 kg.
Quel poids doit-on enlever ?

Calcul : 38 x 80 kg = 3 040 kg
3 T = 3 000 kg
3 040 kg - 3 000 kg = 40 kg

Phrase : On doit enlever 40 kg

PROBLÈMES AU MARCHÉ

1. Un pâtissier a acheté 3 douzaines d'oeufs à 30 c/pièce et 7 kg de beurre à 8 € le kg. Combien a-t-il payé en tout ?

3 → x 12 → 36 → x 30 → 1080

Prix des oeufs : 1 080 c = 10,80 €
Prix du beurre : 7 x 8 € = 56 €
Prix total : 10,80 € + 56 € = 66,80 €
Phrase : Le pâtissier a dépensé 66,80 €.

2. Combien de kg de beurre peut-on extraire de 140 l de lait, sachant qu'un litre de lait donne + ou - 40 g de beurre ?

1 l → 40 g
140 l → 5 600 g = 5,6 kg

Phase : On peut extraire 5,6 kg de beurre.

3. Un maraîcher a recueilli 126 € en vendant des salades à 2 €/ pièce.
Combien de salades a-t-il vendues ?

Calculs : 126 : 2 = 63

Phrase : Le maraîcher a vendu 63 salades.

CORRECTIFS

PROBLÈMES
DIVERS

0 g - 100 g	1,30 €
+ 100 g - 350 g	1,25 €
+ 350 g - 1 kg	3,25 €
1 kg - 2 kg	4,55 €

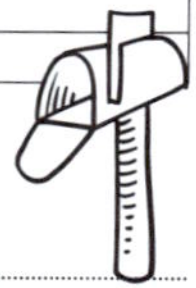

1. Complète.

Pour expédier un livre qui, emballé pèse 788 g, je paierai : 3,25 €

Combien de timbres à 0,65 € peut-on acheter si l'on dispose d'un billet de 5 euros ? 500 : 65 = 7 reste 45 cents

2. Calcule le nombre de crèmes glacées vendues par une épicière pendant une semaine du mois d'août.

Calculs : 11 + 5 + 6 + 8 + 3 + 4 + 7 = 44

GÉOMÉTRIE
LES AXES DE SYMÉTRIE

1. Achève le dessin et colorie.

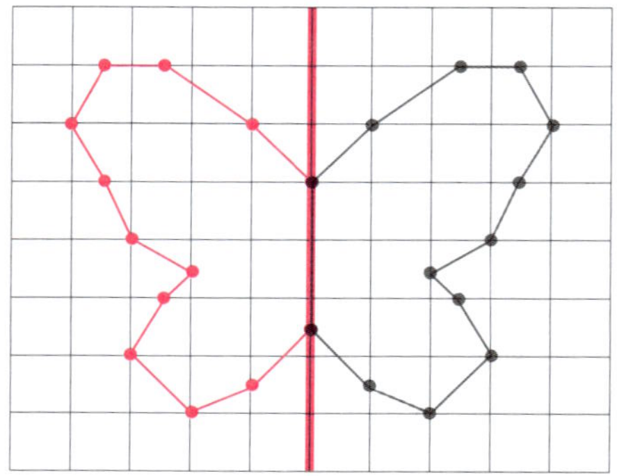

2. Trace les axes de symétrie de ces figures et indique leur nombre.

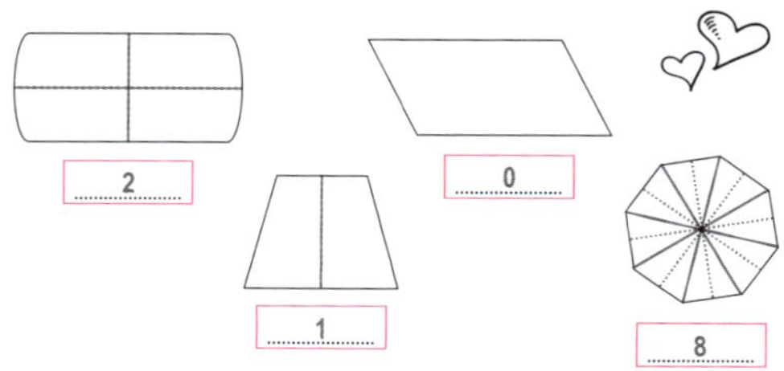

CORRECTIFS

GÉOMÉTRIE
LES ANGLES

1. Indique pour chaque angle s'il est obtus, aigu ou droit.

U : droit
R : obtus
S : aigu
T : obtus

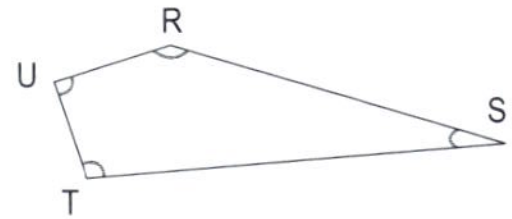

2. Mesure l'amplitude de ces angles.

90 degrés | 42 degrés | 23 degrés

3. La somme des angles d'un triangle = 180°

4. Diminue de moitié l'amplitude de cet angle.

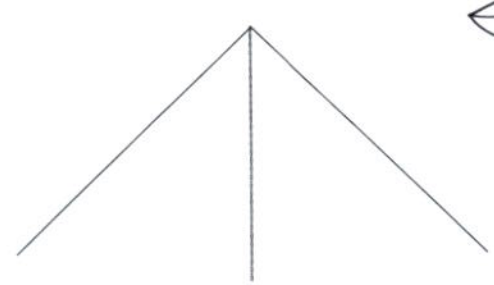

GÉOMÉTRIE
LE QUADRILATÈRE QUELCONQUE

1. Un quadrilatère quelconque n'a ni angles droits ni côtés isométriques ni côtés parallèles

2. Colorie le quadrilatère quelconque.

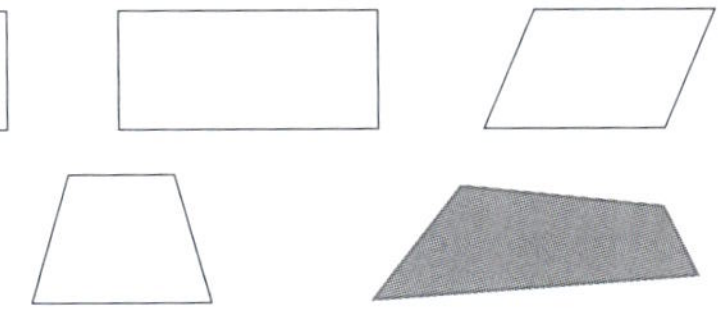

3. J'étais un quadrilatère quelconque. On a rendu 2 de mes côtés opposés parallèles. Je suis devenu un trapèze

4. Transforme ce trapèze en quadrilatère quelconque en ne déplaçant que le côté (AB).

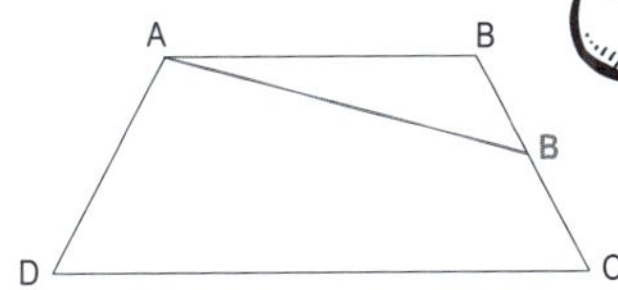

Le côté AB ne doit plus être parallèle au côté DC.

CORRECTIFS

GÉOMÉTRIE
LE TRAPÈZE

1. Le trapèze appartient à la famille des quadrilatères

2. Comparons le trapèze au parallélogramme.
Fais une croix dans la case si la proposition est vraie.

	quadrilatère	2 côtés opposés //	Côtés opposés // 2 à 2
le trapèze	X	X	
le parallélogramme	X	X	X

3. Écris le nom de chaque trapèze.

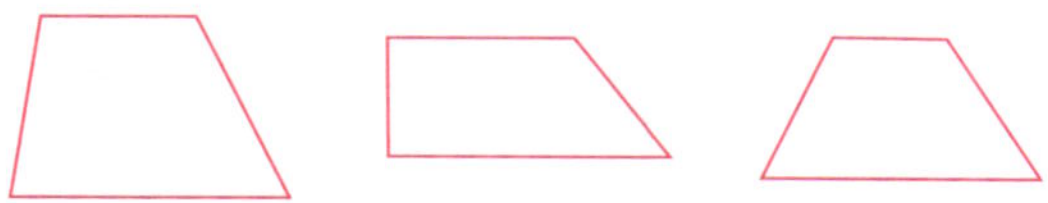

Trapèze quelconque — Trapèze rectangle — Trapèze isocèle

4. Dessine un trapèze dont la grande base mesurera 5 cm, la petite base 3 cm et la hauteur 2,5 cm.

GÉOMÉTRIE
LE PARALLÉLOGRAMME

1. Le parallélogramme est un trapèze qui a des côtés parallèles 2 à 2.

2. Voici les diagonales d'un parallélogramme. Dessine-le.

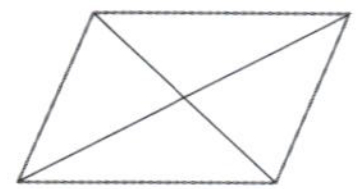

3. Trace un parallélogramme de 3 cm de base et 2 cm de hauteur.

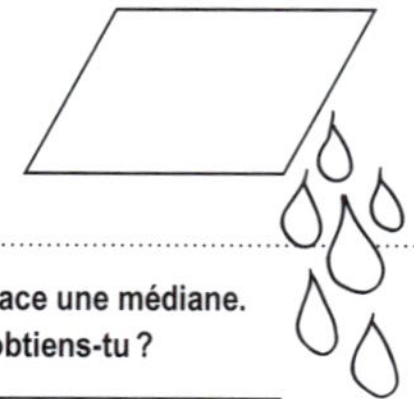

4. Dessine un point dans 2 angles qui ont la même amplitude.

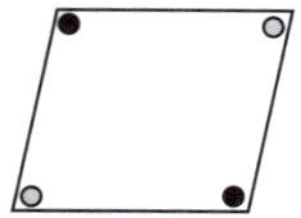

5. Trace une médiane. Qu'obtiens-tu ?

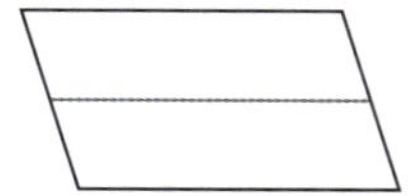

2 parallélogrammes

7. Indique les côtés de même longueur.

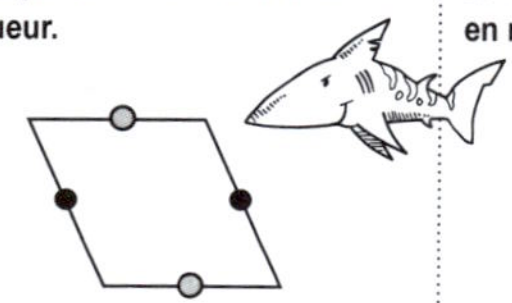

8. Transforme ce parallélogramme en rectangle de même aire.

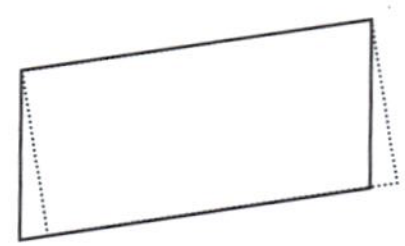

CORRECTIFS

GÉOMÉTRIE
LE LOSANGE

1. Le losange est un parallélogramme qui a 4 côtés isométriques.

2. Trace un losange de 4 cm de grande diagonale et 2 cm de petite diagonale.

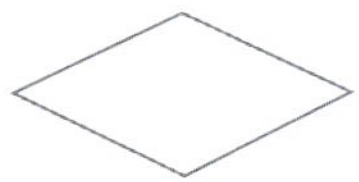

3. Trace les axes de symétrie de ce losange.

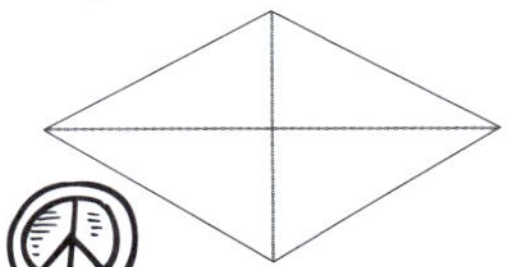

4. Trace une petite diagonale dans ce losange. Qu'obtiens-tu ?

2 triangles

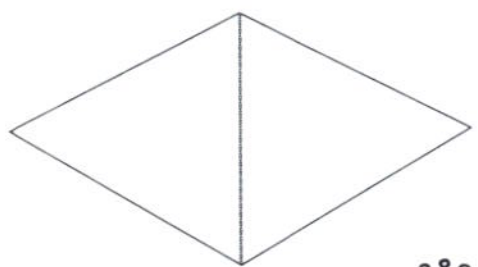

5. Voici la petite diagonale d'un losange de 5 cm de grande diagonale. Trace-le.

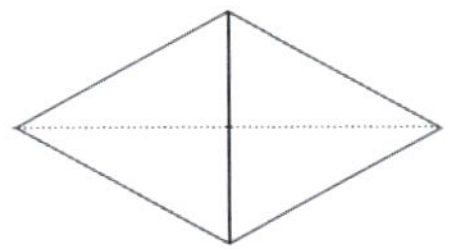

6. Les diagonales du losange se coupent à angle droit.
Toujours (entouré) Jamais Parfois

Une médiane du losange le partage en 2 parallélogrammes de même aire.

Le carré appartient à la famille des losanges. Vrai (entouré) Faux

Pour tracer facilement un losange, on commence par tracer ses diagonales. Vrai (entouré) Faux

GÉOMÉTRIE
LE RECTANGLE

1. Complète.

Un rectangle est un quadrilatère parce qu'il a 4 côtés

Un rectangle est un parallélogramme qui a 4 angles droits

Un rectangle est un trapèze qui a 2 côtés // 2 à 2 et 4 angles droits.

Un carré est un rectangle. (Vrai?) Faux?

Un rectangle est un carré. Vrai? (Faux?)

Les diagonales d'un rectangle se coupent en leur milieu. (Vrai?) Faux?

Les médianes d'un rectangle sont perpendiculaires entre elles.

(Toujours?) Jamais? Parfois?

Les médianes du rectangle sont en même temps des axes de symétrie du rectangle. (Vrai?) Faux?

Un rectangle a 4 angles droits

et 4 côtés

2 côtés parallèles 2 à 2

2 côtés isométriques 2 à 2

2. Parallèle ou perpendiculaire ? Indique ⊥ ou //

AB ⊥ BC	BC ⊥ DC
BC // AD	AB // DC
AB ⊥ AD	AD ⊥ DC

CORRECTIFS

GÉOMÉTRIE
LE CARRÉ

1. Le carré appartient à la famille des...

quadrilatères car ...il a 4 côtés...

trapèzes car ...il a 2 côtés parallèles...

parallélogrammes car ...il a des côtés parallèles 2 à 2...

rectangles car ...il a 4 angles droits...

losanges car ...il a 4 côtés isométriques...

2. Transforme ce rectangle en carré.

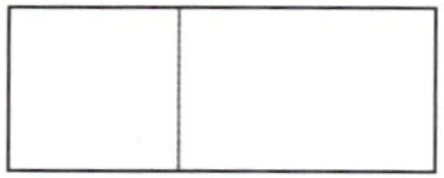

3. Les diagonales du carré sont ...⊥... entre elles.

Les médianes du carré sont ...⊥... entre elles.

4. Compare les aires des carrés ABCD et EFGH.

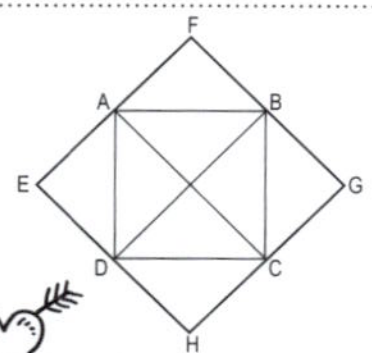

...ABCD est la moitié d'EFGH...

5. Quel point commun ont ces 3 carrés ?

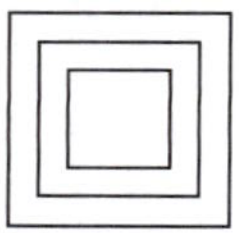

...Ils ont le même centre...

GÉOMÉTRIE
EXERCICE

1. Observe ces quadrilatères.

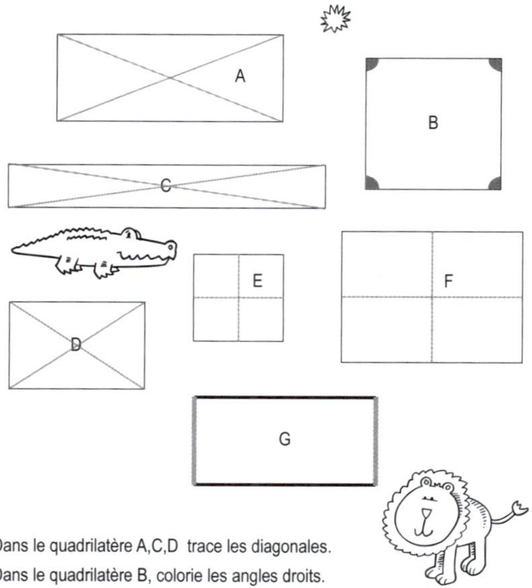

Dans le quadrilatère A,C,D trace les diagonales.

Dans le quadrilatère B, colorie les angles droits.

Dans les quadrilatères E et F, trace les médianes.

Dans le quadrilatère G, colorie les côtés isométriques d'une même couleur.

CORRECTIFS

GRANDEURS & GÉOMÉTRIE
LE 1/2 PÉRIMÈTRE ET LE PÉRIMÈTRE DU CARRÉ ET DU RECTANGLE

1. Remplis le tableau en mesurant les rectangles de la page précédente.

	Longueur	largeur	1/2 périmètre	périmètre
A	5	2	7	14
B	3	3	6	12
C	7	1	8	16
D	3	2	5	10
E	2	2	4	8
F	4	3	7	14
G	4	2	6	12

2. Indique les lettres des figures de l'exercice précédent qui sont des carrés ?

B, E

3. Quelle est la longueur de la clôture qui entoure un champ rectangulaire de 119 m de L et 84,50 m de l, sachant que la barrière a une largeur de 2m ?

169 m ?   286m ?   322,5 m ?   (405 m ?)   407 m ?   409 m ?

119 m + 84,50 m = 203,5 m

P = 203,5 m x 2 = 407 m

407 m - 2 m = 405 m

GRANDEURS & GÉOMÉTRIE
L'AIRE DU CARRÉ ET DU RECTANGLE

1. Calcule l'aire des rectangles suivants.

L	l	AIRE	L	l	AIRE
13 cm	96 cm	1 248 cm^2	0,4 m	12 cm	480 cm^2
4 dm	32 cm	1 280 cm^2	13 mm	7 mm	91 mm^2
36 cm	7 cm	252cm^2	34 cm	19 cm	646 cm^2
47 mm	31 mm	1 457 mm^2	24 mm	19 mm	456 mm^2

2. Calcule l'aire des carrés suivants.

côté = 8 m   aire = 64 m^2

côté = 16 mm   aire = 256 mm^2

côté = 0,9 m   aire = 0,81 m^2

côté = 13 cm   aire = 169 cm^2

côté = 14 m   aire = 196 m^2

côté = 10 cm   aire = 100 cm^2

3. Si je double la L et la l d'un rectangle, son aire sera quadruplée.

Si je triple la L d'un rectangle, son aire sera triplée.

4. Un terrain rectangulaire a une aire de 24 m^2.
Quelles peuvent être ses dimensions ?

1: L = 12 m   l = 2 m

2: L = 8 m   l = 3 m

3: L = 6 m   l = 4 m

Je m'entraîne à calculer

CORRECTIFS

GÉOMÉTRIE
J'OBSERVE LES TRIANGLES D'APRÈS LES ANGLES

1. Observe l'amplitude des angles de chacun des triangles, ensuite complète le tableau.

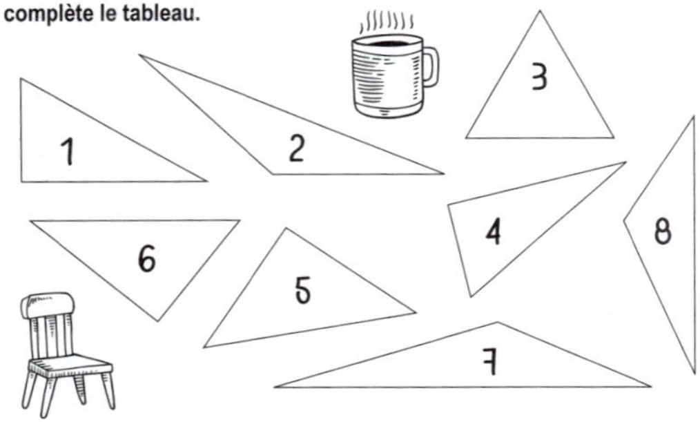

N° DES TRIANGLES	CARACTÉRISTIQUES DES ANGLES
1, 4, 5, 6	j'ai un angle droit
2, 7, 8	j'ai un angle obtus
3	j'ai trois angles aigus

2. Retrouve le nom de chacun des triangles.

	1	2	3	4	5	6	7	8
TRIANGLE RECTANGLE	X			X		X		
TRIANGLE ACUTANGLE			X		X			
TRIANGLE OBTUSANGLE		X					X	X

GÉOMÉTRIE
J'OBSERVE LES TRIANGLES D'APRÈS LES COTÉS

1. Mesure les côtés des triangles, complète ensuite le tableau.

N° DES TRIANGLES	CARACTÉRISTIQUES DES CÔTÉS
1, 3, 5	j'ai 3 côtés de longueur différente
4, 6	j'ai 2 côtés de même longueur
2	j'ai 3 côtés de même longueur

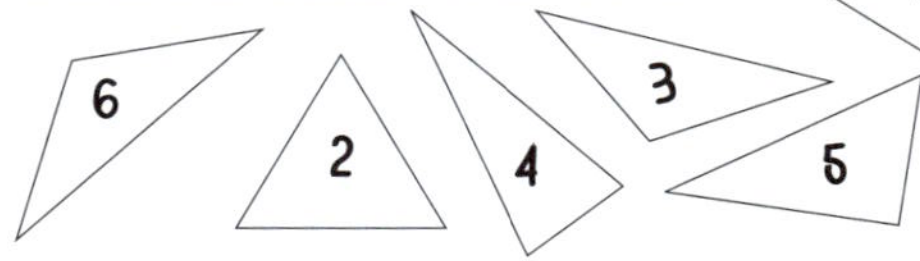

2. Classe les triangles en fonction de leurs angles et de leurs côtés. Écris les numéros des triangles de l'exercice 1.

TRIANGLES	SCALÈNE	ÉQUILATÉRAL	ISOCÈLE
Rectangle	5		
Acutangle	1	2	4
Obtusangle	3		6

	NOM EN FONCTION DES ANGLES ET DES CÔTÉS
N°1	Acutangle scalène
N°2	Equilatéral (acutangle)
N°3	Obtusangle scalène
N°4	Acutangle isocèle
N°5	Rectangle scalène
N°6	Obtusangle isocèle

CORRECTIFS

GÉOMÉTRIE
LES TRIANGLES

1. Carte d'identité du triangle équilatéral.

V = VRAI F = FAUX

2 côtés de même longueur	V
3 côtés de même longueur	V
3 côtés de long. diff.	F
2 angles de même ampl.	V
3 angles de même ampl.	V
3 angles d'ampl. diff.	F
1 angle droit	F

2. Colorie le triangle équilatéral.

Les 3 côtés du triangle équilatéral sont :
isométriques

3. La moitié de ce parallélogramme, est un triangle scalène acutangle

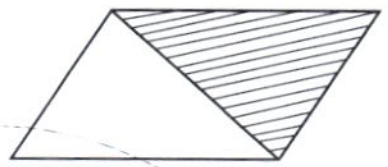

4. En utilisant ton compas et la latte, trace un triangle quelconque dont les côtés mesureront 3 cm, 4 cm et 3,5 cm.

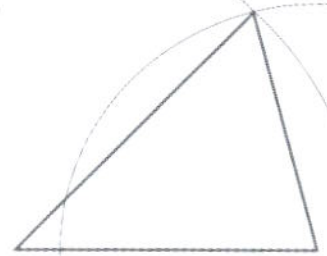

5. Un triangle scalène ne peut pas avoir des côtés isométriques

GRANDEURS & GÉOMÉTRIE
LE PÉRIMÈTRE ET L'AIRE DU TRIANGLE

1. Calcule le périmètre de chaque triangle.

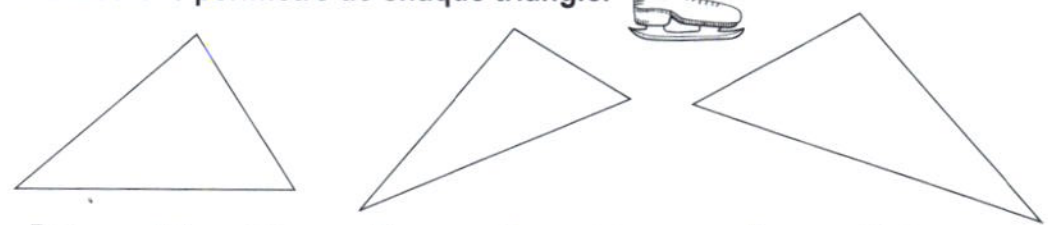

P = 8,3 cm P = 8 cm P = 11,1 cm

2. Complète.

1er côté	+	2e côté	+	3e côté	=	périmètre
12 cm		15 cm		34 cm		61 cm
22 mm		36 mm		9,5 mm		67,5 mm
13 dm		14 dm		21 dm		48 dm
29 cm		11,4 cm		16,2 cm		56,6 cm

3. Calcule l'aire de chaque triangle.

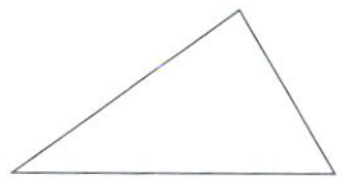

$A = \frac{B \times H}{2} = \frac{3,8 \times 2}{2} = 3,8\ cm^2$

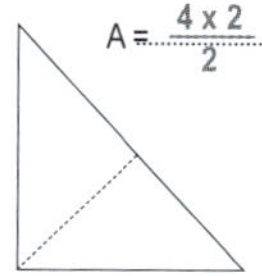

$A = \frac{4 \times 2}{2} = 4\ cm^2$

4. Complète.

BASE	HAUTEUR	AIRE
3 cm	6 cm	9 cm^2
24 mm	23 mm	276 mm^2
4 cm	7 cm	14 cm^2

BASE	HAUTEUR	AIRE
21 cm	16 cm	168 cm^2
4 dm	21 cm	420 cm^2
9 dm	4 dm	18 dm^2

CORRECTIFS

GÉOMÉTRIE
LE CERCLE - LE DISQUE

1. Trace un cercle qui passera par r et s :

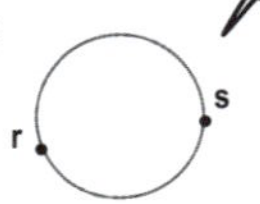

2. Retrouve le centre de ce disque.

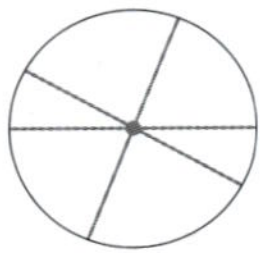

3. Inscris un cercle à l'intérieur de ce carré.

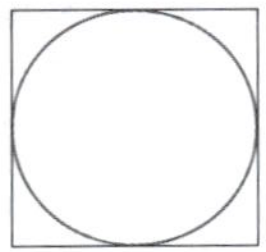

4. Combien d'axes de symétrie peut-on tracer dans un cercle ?

Une infinité

5. Calcule le diamètre d'un disque de 13,5 cm de rayon.

13,5 cm x 2 = 27 cm

6. Voici le diamètre d'un disque. Trace ce disque.

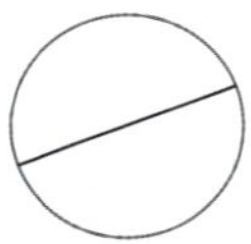

GÉOMÉTRIE
LE CERCLE - LE DISQUE

Π = 3,14

1. Calcule la longueur du cercle de chaque disque.

Diamètre	Rayon	Cercle
3 cm	1,5 cm	9,42 cm
16 cm	8 cm	50,24 cm
15 cm	7,5 cm	47,1 cm
86 cm	43 cm	270,04 cm
4 cm	2 cm	12,56 cm

2. De quel type d'angle s'agit-il ?

ABE = Angle droit

ACE = Angle droit

ADE = Angle droit

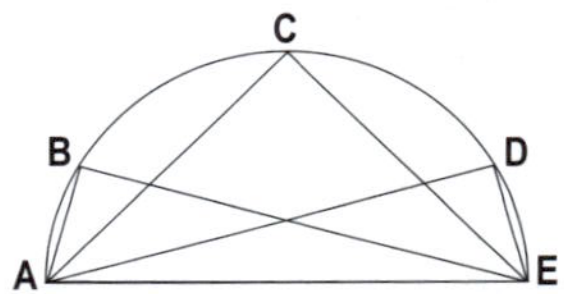

CORRECTIFS

GÉOMÉTRIE
TRANSFORMATION

1. Joins les points E et B.
Comment s'appelle la figure EBCD ? On obtient un quadrilatère

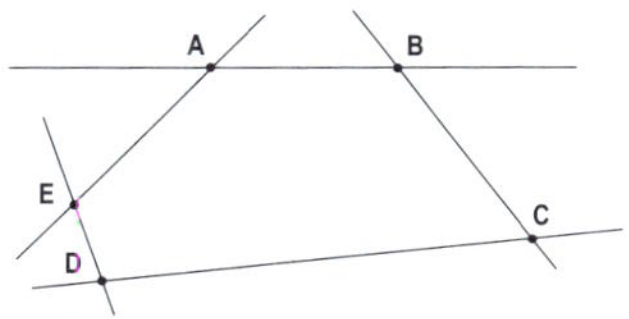

2. On rend EB // à DC.
On obtient un trapèze

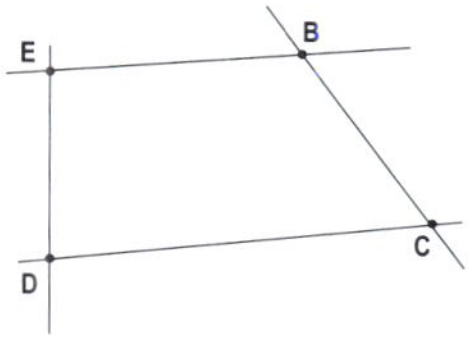

3. On rend ED // à BC.
On obtient un parallélogramme

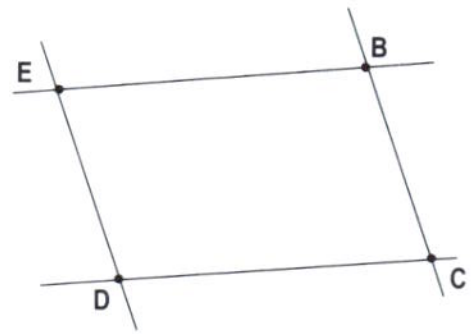

4. On rend les 4 angles droits et on obtient un rectangle

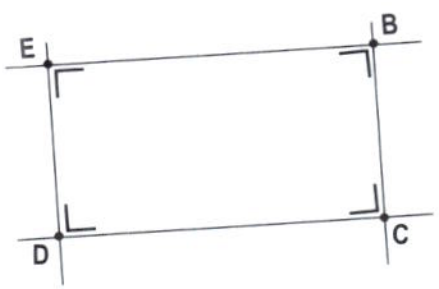

5. On donne aux 4 côtés la même longueur et on obtient un carré

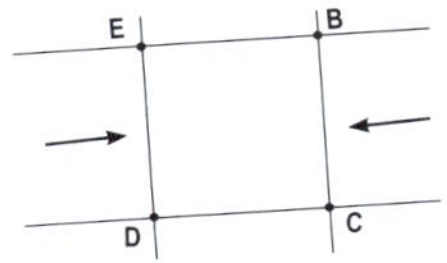

GÉOMÉTRIE
LE CUBE

1. Achève ces cubes.

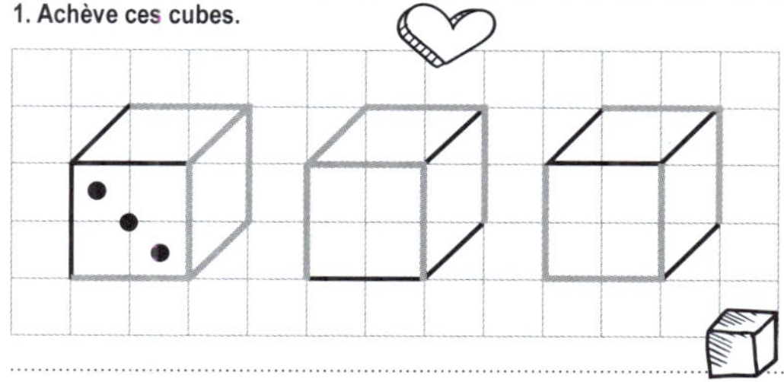

2. Un cube compte 12 arêtes et 6 faces.

3. Quelle quantité d'eau peut contenir un cube de 10 cm de côté ?

1cl ? 1dl ? 1dal ? 1hl ? 1l ? (entouré)

4. Achève le développement de ce cube.

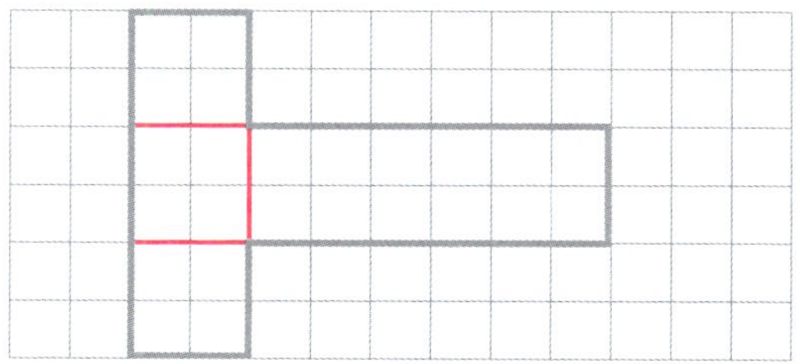

CORRECTIFS

GÉOMÉTRIE
TRANSLATIONS

1. Reproduis une fois chaque figure et colorie.

GÉOMÉTRIE
EXERCICES

1. Ces deux quadrilatères, ont un point commun.

Lequel ? Ils ont 2 côtés parallèles

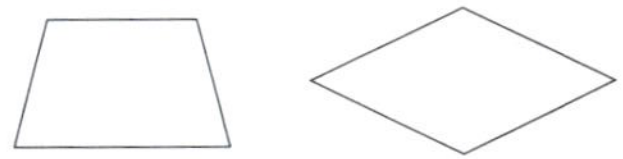

2. Calcule l'aire du triangle ABD.

$\frac{B \times H}{2} = \frac{4 \times 2}{2} = 4 \text{ cm}^2$

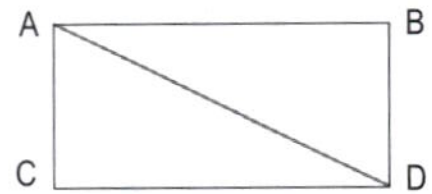

3. Triple l'aire de ce rectangle.

4. Dessine les figures à partir de la droite donnée.

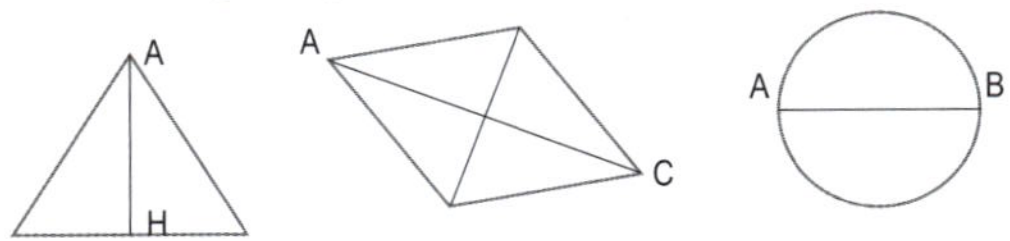

La hauteur d'un triangle isocèle. | La grande diagonale d'un losange. | Le diamètre d'un cercle.

CORRECTIFS

GÉOMÉTRIE
EXERCICES

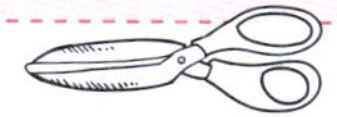

1. Complète.

JE PRENDS UN…	JE LE TRANSFORME EN…	J'OBTIENS UN…
rectangle	donnant à chaque côté la même longueur.	carré
triangle équilatéral	allongeant un côté.	triangle isocèle
triangle obtusangle	rendant un angle droit.	triangle rectangle
trapèze	rendant // les 2 côtés qui ne l'étaient pas.	parallélogramme
losange	rendant les 4 angles droits	carré

2. À quels quadrilatères appartiennent ces diagonales ?

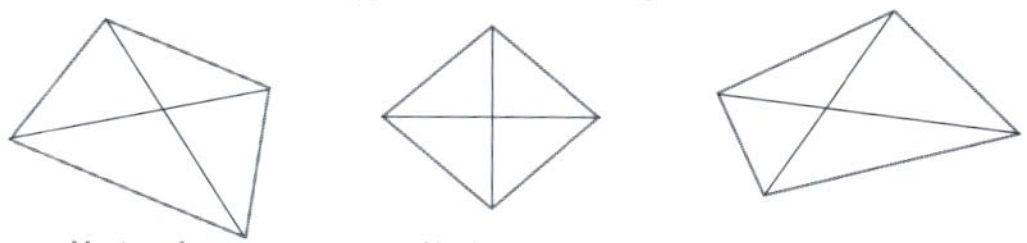

Un trapèze — Un losange — Un quadrilatère

3. Dessine le symétrique de chaque figure par rapport à l'axe de symétrie A.

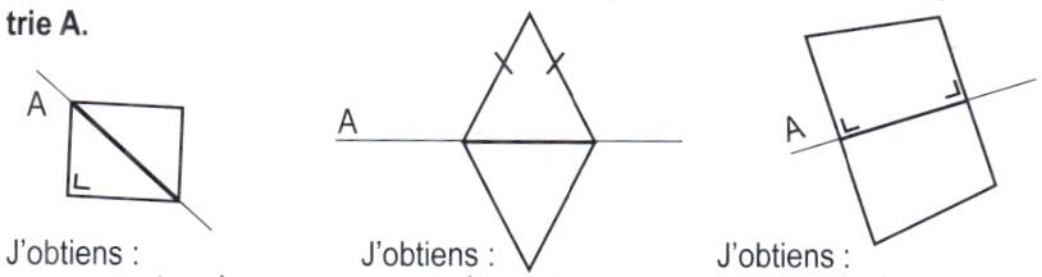

J'obtiens : un rectangle — J'obtiens : un losange — J'obtiens : un trapèze

GÉOMÉTRIE
EXERCICES

1. Trace un point au centre des carrés B1, F2, G7 et A6.

Joins B1 à F2
F2 à G7
G7 à A6
A6 à B1

Qu'obtiens-tu ? Sois très précis !

Un quadrilatère

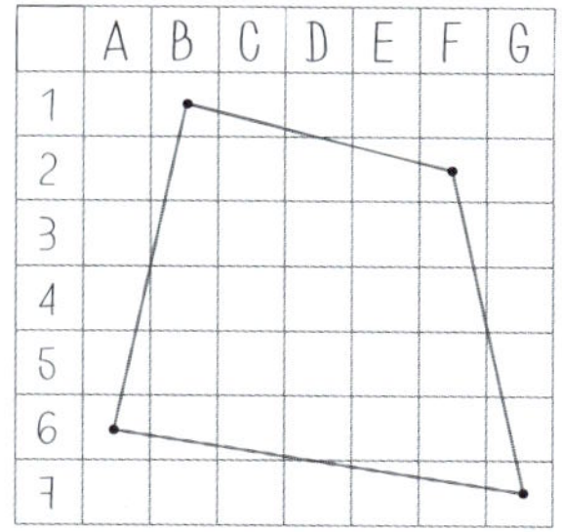

3. Calcule le périmètre et l'aire de chaque terrain.

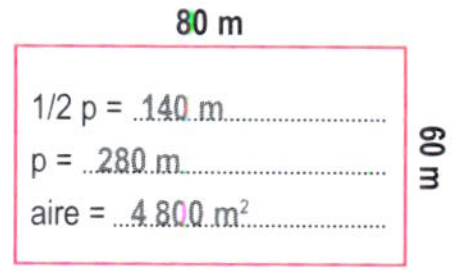

1/2 p = 140 m
p = 280 m
aire = 4 800 m^2

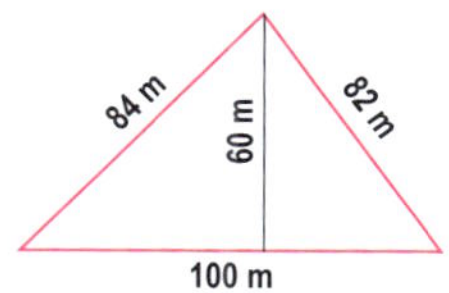

p = 266 m
aire = 3 000 m^2

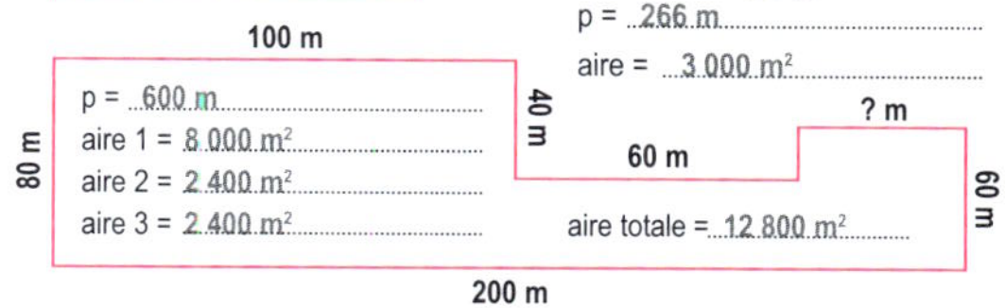

p = 600 m
aire 1 = 8 000 m^2
aire 2 = 2 400 m^2
aire 3 = 2 400 m^2
aire totale = 12 800 m^2

p = 100 + 40 + 60 + 20 + 40 + 60 + 200 + 80 = 600 m